导弹装备技术保障安全风险评估

赵建忠　叶文　欧阳中辉　李海军　张磊　编著

国防工业出版社

·北京·

内 容 简 介

　　本书系统地介绍了导弹装备技术保障安全风险评估的内容、实施过程及相关技术。全书共分7章,分别讲述了导弹装备技术保障安全风险评估的基本概念和组织实施过程,以及导弹装备技术保障安全风险的识别、分析、评价、控制等内容。

　　本书可作为导弹工程、兵器工程、武器系统等专业本科生、研究生及培训班的教材或参考书,也可供从事导弹装备保障工作的专业技术人员参考。

图书在版编目(CIP)数据

导弹装备技术保障安全风险评估 / 赵建忠等编著.
—北京:国防工业出版社,2017.11
ISBN 978 - 7 - 118 - 11472 - 0

Ⅰ.①导... Ⅱ.①赵... Ⅲ.①导弹 – 装备技术保障 –
安全评价 Ⅳ.①E927

中国版本图书馆 CIP 数据核字(2017)第 277857 号

※

国防工业出版社 出版发行
(北京市海淀区紫竹院南路23号　邮政编码100048)
三河市众誉天成印务有限公司印刷
新华书店经售
*
开本 710×1000　1/16　**印张** 12¾　**字数** 250 千字
2017 年 11 月第 1 版第 1 次印刷　**印数** 1—2000 册　　**定价** 49.00 元

(本书如有印装错误,我社负责调换)

国防书店:(010)88540777　　发行邮购:(010)88540776
发行传真:(010)88540755　　发行业务:(010)88540717

前　　言

随着我军转型工作的不断推进,部队实战化演练及遂行非战争行动任务不断增多。部队在执行重大军事任务时,动用导弹装备比较频繁,而导弹装备技术保障过程中充满了不确定性因素,有较多潜在性风险,稍有不慎就可能发生安全事故。科学地评估各项工作的安全风险程度,找出影响安全的因素,对于做好导弹装备技术保障安全工作至关重要。

本书凝聚了作者十多年的潜心研究和实践成果,系统全面地阐述了导弹装备技术保障安全风险评估与控制的相关知识,介绍了导弹装备技术保障安全风险评估的概念、内容、组织实施过程,详细阐述了导弹装备技术保障安全风险的识别、分析、评价、控制等内容,展现出了一个全面的、系统化的知识结构,具有很强的概括性和普适性。

全书共分为 7 章。第 1 章介绍了导弹装备技术保障安全风险评估的基本概念、必要性、现状与发展趋势;第 2 章介绍了导弹装备技术保障安全风险评估的主要内容、组织机构和开展程序,重点介绍了导弹装备技术保障安全风险评估的设施步骤;第 3 章介绍了导弹装备技术保障安全风险识别的原则、内容、流程等基本知识,重点介绍了导弹装备技术保障安全风险识别的方法及其应用过程;第 4 章介绍了导弹装备技术保障安全风险分析的内涵、内容和流程,重点介绍了导弹装备技术保障安全风险分析的方法及其应用过程;第 5 章介绍了导弹装备技术保障安全风险评价的原则、内容、流程以及安全风险评价指标的构建,重点介绍了导弹装备技术保障安全风险评价的方法及其应用过程;第 6 章介绍了导弹装备技术保障安全风险控制的原则、内容和流程,阐述了介绍了导弹装备技术保障安全风险控制的内容、方式、途径以及控制措施的制定,并重点介绍了导弹装备技术保障安全风险的防范、规避与应对;第 7 章介绍了导弹实弹演练技术保障安全风险评估的范围与时机、主要内容、基本原则、基本要求,分析了导弹实弹演练技术保障安全风险评估的准备、组织实施与技术实现,阐述了导弹实弹演练技术保障安全风险的防范、规避和应对。

本书由赵建忠同志主编，参加编写的有叶文、欧阳中辉、李海军等同志。徐廷学同志仔细审阅了全稿，并提出了许多宝贵意见，在此表示衷心感谢。书中引用的主要参考资料已在参考文献中详细注明，在此对各参考文献的作者表示崇高敬意。

限于编者的水平，书中难免会有不当之处，敬请读者批评指正。

编者

2017 年 5 月

目　　录

第1章 绪 论

随着军队转型工作的不断推进,部队实战化演练及遂行非战争行动任务不断增多。部队在执行重大军事任务过程中,动用导弹装备比较频繁,而导弹装备技术保障过程中充满了不确定性因素,隐藏着潜在性风险,稍有不慎就可能发生安全事故。科学地评估各项工作的安全风险程度,找出影响安全的因素,对于做好导弹装备技术保障安全工作至关重要。导弹装备技术保障安全风险评估就是对导弹装备技术保障过程中的安全风险作出评估和度量,主要是把导弹装备技术保障过程中潜在危险的各类不利因素、发生这些不利因素的原因、不利因素的转化条件以及可能造成的后果揭示出来,进而对导弹装备技术保障安全风险做出正确评价与估量,并且采取有效措施防止此类事故的发生,寻求导弹装备技术保障能够获得最低事故率和最少的损失,有效地减少导弹装备技术保障过程中各种安全事故的发生,进一步提高部队执行重大任务时的导弹装备技术保障能力。

1.1 导弹装备技术保障安全风险评估的基本概念

安全风险评估是导弹装备技术保障工作的重要组成部分,也是部队安全管理的重要方面,其实施效果直接影响到部队的战斗力。尤其是当前,导弹装备日新月异、技术含量高、安全要求高,对安全风险评估的组织实施方法、过程和技术手段都提出了更高的要求。

1.1.1 导弹装备技术保障安全风险评估的内涵

1.1.1.1 风险的内涵及其特征

1. 风险的定义

风险一词最初出现在美国学者 A. M. Witlet 于 1901 年撰写的博士论文《风险和保险的经济理论》中,在这篇文章中,他第一次对风险进行了较为实质性的定义:风险是关于不愿发生的事件发生的不确定性之客观体现。其后,也有许多专家学者分别对风险进行了阐述与定义。由于对风险的研究角度不同,不同的学者对风险有着不同的解释。美国《大项目风险分析》一书对风险给出的定义为,风险是由于在从事某项特定活动过程中存在的不确定性而产生的经济(或财务)的损失,自然破坏(或损伤)的可能性;英国风险报告中将风险解释为行为和活动结果的不确定性,不论这种结果是正面的机会还是负面的威胁;韦伯字典将风险定义为遭到伤害、损害或造成损失的可能性;牛津辞典将风险定义为危险或者不好结果发生的可能性,从而反映出人员伤亡和装备损失发生的可能性;根据《现代汉语词典》释义,风险是指"可能发生的危险"。

尽管目前国内外学术界由于所处角度的不同对风险有着不同的理解,但可以看出,为大多数风险研究者所认同的风险定义如下所述:风险是人们由于未来行为和客观条件的不确定性而可能引起的后果与预期目标发生各种各样负偏离的综合,这种负偏离可由两类参数来描述:一是发生偏离的可能性,即事件发生的概率;二是发生偏离的方向和大小。

所以风险是事故或危险事件发生的可能性与事故或危险事件严重程度的综合度量,则风险有两方面含义:一是发生事故的可能性;二是事故结果的严重性。这些定义都是从事故发生的角度给出的,描述了事故发生的可能性和严重程度。综合上述各种学派关于风险的观点,我们认为:风险是在特定的客观情况下,在特定的期间内,某不利事件发生的可能性和由该事件发生而导致的损失或后果。用公式可以表示为

$$R = f(P, S) \tag{1-1}$$

式中:R 表示风险;P 表示不利事件发生的概率;S 表示该事件发生的后果。

"危险"是指在机载弹药实弹训练技术保障过程中,造成任务能力的下降、人员的伤亡、装备损坏或财产损失的任何实际或潜在情况。

"危险源"是指在机载弹药实弹训练技术保障活动中可能导致的人员伤亡、装备损坏、环境破坏或财产损失等意外潜在的不安全因素,包括管理者和作业人员的不安全意识、情绪和行为,装备、器材、保障设施等的不安全状态;环境、气候、季节及地质条件等的不安全因素,以及这些因素间的相互影响和作用。

2. 风险的特征

风险的特征是风险的属性决定的,是风险的本质及其发生规律的外在表现。风险的全面特征可归为如下五点:

1)风险的客观性

风险是一种客观存在,而非人头脑中的主观想象。风险是由于不确定性因素的存在而使人们遭受不幸或灾难的可能性,而这种不确定性的存在是客观事物变化过程中的特性。人只能在一定范围内改变风险的形成和发展的条件,降低风险事故发生的概率,减少损失程度,而不能彻底消除风险。历史上众多的装备事故教训表明,装备使用风险也是客观存在的。

2)风险的不确定性

对特定的个体来说,风险事故的发生是偶然的。这种偶然性是由风险事故的

随机性决定的。风险的偶然性表现为种种不确定性,即风险是否发生、何时发生、损失程度都是不确定的。

3)风险的潜在性

风险是时时处处存在的,潜在性是风险存在的基本形式。风险作为一种潜在损失的可能性,其实是有条件的。因此,随着风险因素的变化,风险既有量的增减,也有质的改变,还有旧风险的消亡与新风险的产生。

4)风险的可测性

不确定性是风险的本质,但可以根据以往发生的一系列类似事件的统计资料,经过分析,对某种风险发生的频率以及造成的损失程度做出主观上的判断,对可能发生的风险进行预测和衡量,从而达到控制风险、减少损失的目的。

5)风险结果的双重性

风险结果的双重性,是指风险发生会带来损失,但冒风险也可能获得成功,从而获得风险收益。因为任何活动都具有一定的风险性,一般风险越高的行动,收益越大。有时为了实现一定的目的要承担一些风险,但不应是被动的承受而是主动的管理。

3. 风险的类型

1)总风险

总风险是已识别的风险和未识别的风险之和。

2)已识别风险

已识别的风险是通过各种分析工具已经确定的风险。风险评估过程的首要任务是使已识别的风险占总风险的比例在可能的范围内尽可能大。分析工作的时间和成本、风险管理计划的质量和技术的状况等都会影响已识别风险的数量。

3)可接受风险

可接受风险是已识别风险的一部分,允许它继续存在而不采取进一步的控制措施。这要由适当级别的决策人员来接受,因为进一步的风险控制工作可能会使任务的其他方面有较大程度的下降。

4)不可接受的风险

不可接受的风险是不能容忍的风险。它是已识别风险的子集,这部分要么被消除要么被控制。

5)未识别风险

未识别风险是还没有被确定的风险。这种风险是真实的、重要的。但它又是未知的或不可测的。有些风险是永远不知道的。

6)残留风险

残留风险是已经实施风险管理之后仍然还残留的风险。残留风险常常被错误地认为是可接受的风险。实际上,残留风险是可接受风险和未识别风险的总和。

事故调查不能涵盖一些以前未知的风险。

图1-1描述了各种不同类型风险之间的关系。

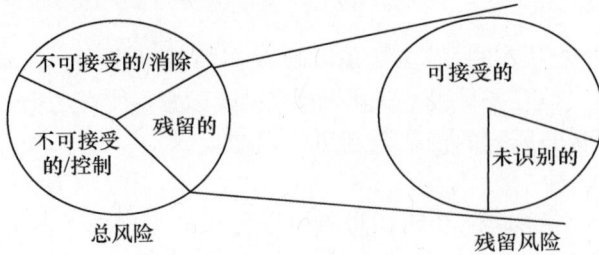

图1-1 风险类型

1.1.1.2 安全风险评估

1. 风险评估

风险评估也称危险评价,是对系统存在的危险性进行定性和定量分析,依据现存的专业经验、评价标准和原则,对危害分析结果得出系统发生危险的可能性及其后果严重程度的评价,通过评价寻求最低事故率、最少的损失和最优的安全投资效益。从量化的角度看,风险评估是描述确定危害事件发生概率和模拟事件的危害程度。计算其风险值的大小,对其可接受性作出评价,提出风险预防、减控措施及应急预案等,为风险管理提供依据和保障。

风险评估是在危险性分析基础上进行的,通过分析充分揭示危险性存在和发生的可能性,然后根据这些情况进行系统的综合评价,为风险防范和有效规避提供可靠的依据。

2. 安全风险评估

安全风险评估就是从风险管理角度,运用科学的方法和手段,系统地分析安全威胁问题,评估风险发生可能性的大小,提出有针对性消除隐患、抵御威胁的对策和措施,防范和规避安全风险,将风险控制在最低水平,从而最大限度地确保人员、装备、物资、工作的安全。简单地讲,安全风险评估就是通过对某个单位或某个系统中各种安全要素的综合分析评价,测算出安全风险程度,评定安全风险的等级,并据此提出控制和规避安全风险措施的过程。

2008年颁发的《中国人民解放军安全条例》,对军事领域风险评估给予了这样的定位:"主要是对可能发生的事故类别、概率、危害等进行定性定量的分析与评价,确定风险等级,提出规避或者降低风险的建议和应对措施。"并明确要求,部队"组织重大活动、执行危险性较大的任务时,应当首先进行安全风险评估"。这是我军首次在法规层面对安全风险评估及要求作出科学解释和规范。

3. 安全风险评估的特征

安全风险评估源于20世纪30年代的国外保险业,目前已被广泛应用于社会生产生活的各个领域。其主要特征如下：

（1）客观性。一般情况下，安全风险评估都由相关领域的专家组织，不受被评估单位行政制约，评估者可依据评估需要，采取多种方法掌握评估信息，真实、客观地描述评估对象的安全状况，全面、准确地反映评估对象的安全情况。

（2）规范性。评估由专门的组织负责，按规定的程序实施，哪个项目应检查哪些内容，哪些内容应该怎样检查都有明确的规定，不受被评估对象的人为因素影响。

（3）系统性。安全风险评估不是单纯地从某一个方面查找问题，而是从各个方面系统地对评估对象当前或潜在的危险因素进行查找、分析和研判，综合各方面意见，制定系统的解决方案，提出有针对性的规避或消除风险的措施，全面系统，可操作性强。

（4）科学性。安全风险评估是对评估对象发生事故的可能性及危险程度进行定性或定量分析，制定防范措施，寻求最低事故率、最小损失和最优安全效益的过程，是从源头上主动抓好事故防范、有效提高安全工作时效性的重要措施和保证。其摒弃了"拍脑门决策"等盲目蛮干的做法，充分体现了科学管理遵循规律、注重效益的要求，是科学管理思想在安全工作领域的具体实践。

（5）可靠性。实施安全风险评估，可真正做到情况预先掌握，问题预先研判，措施预先制定，隐患预先排除，从而减少安全防范中的盲目性，增强工作实效，提高防范质量。

（6）强制性。评估结论明确的规避、消除或降低安全风险的措施和建议，具有强制性执行的作用，被评估单位或对象必须无条件执行。

1.1.1.3 导弹装备技术保障安全风险评估

1. 导弹装备技术保障

保障是指军队为遂行各种任务而采取的各项保证性措施与进行的相应活动的统称。技术保障工作是为了保证现役装备处于完好状态并能持续完成作战或训练任务而进行的使用与维修管理。

装备技术保障这一概念最早源于苏联。但从诞生至今，其内涵在不断地发生变化。总体来说，技术保障的定义有狭义、广义之分。《中国人民解放军军语》对技术保障的定义是："为保持和恢复武器装备良好技术状态而采取的技术措施，与进行的相应活动的总称。"即装备部署到部队后所进行的一系列技术与管理活动，这套技术管理方法在我军已贯彻实施数十年，已被广泛接受，形成了一套比较完整的体制。这也是技术保障狭义的定义。较为广义的定义就是"综合保障工程"，即在装备设计中综合规划所需的保障问题，并在装备部署使用的同时，以最低费用为目标，提供与装备相互匹配的保障资源，建立保障体系，来满足战备和任务要求所进行的一系列技术和管理活动。

导弹装备技术保障,顾名思义是指为了充分发挥、保持、恢复和完善导弹的战术、技术性能而采取的技术措施,以及进行的指挥管理和战术活动的统称。在使用阶段,技术保障工作中除了装备的正确操作和使用、保养与维修、器材供应和有关的人员训练外,还包括保障兵力和物力的管理。

导弹装备技术保障的基本内容主要包括导弹的技术准备和技术维护。

1)导弹技术准备

导弹技术准备是导弹装备技术保障的一项重要工作,导弹使用前必须进行技术准备,使其转为一级战备弹状态。技术准备在技术阵地进行。技术准备的项目、程序、所需时间视导弹所处技术状态而定。导弹技术准备内容一般包括:产品启封及外观检查;舵、翼面的安装;导弹点火电路和静态电阻测试;导弹功能测试等。

2)导弹技术维护

导弹技术维护是为了使导弹装备在规定的使用期限内保持良好的技术状态,而采取的技术保障措施。导弹技术维护的主要内容有导弹的启封、导弹的油封、导弹性能参数的检测和导弹的定期维护工作。

(1)导弹的启封。导弹的启封是指对油封状态的导弹,进行恢复正常使用状态的一项技术维护工作。启封工作要求应在一定条件的环境下进行,按照工作程序和技术标准完成。启封后的导弹要认真检查导弹的技术状况和性能,并做好必要的技术维护,保证导弹恢复到良好的技术状态。

(2)导弹的油封。油封包装的目的是使导弹在储存过程中,尽量减少外界因素对导弹的影响,保持在良好的技术状态,长期存放以备战时需要。油封的基本原理是利用油封油形成的油膜(层)、防潮纸和聚乙烯包装袋将导弹与外界环境隔离开,避免大气中的水汽、腐蚀性气体的侵蚀以及机械碰撞。保持导弹处于良好的技术状态,能随时投入战备使用。

(3)导弹性能参数的检测。导弹性能参数检测工作,是导弹使用前准备工作中最重要的一项内容。性能参数的检测可以判断该枚导弹技术性能是否良好,决定是否可用于作战使用。导弹性能参数的检测工作,在该型号的导弹地面准备站使用自动检测设备进行。

(4)导弹的定期维护工作。对于存放和使用过程中的全部导弹,为了掌握导弹质量状况,排除发现的故障,保证导弹始终处于良好的战备状态,必须按规定完成导弹的定期维护工作。定期维护工作分为两类:一类为定期对导弹的技术性能参数进行检测,应在导弹地面准备站内完成此项工作;另一类为定期对导弹的外观质量(油封和包装质量)和保管条件进行检查的定期工作,此项工作在导弹的存放地点完成。

2. 导弹装备技术保障安全风险评估

导弹装备技术保障安全风险评估就是对导弹装备技术保障安全风险作出评估

和度量。这是根据系统科学的原理,运用系统分析的方法,对导弹装备技术保障潜在危险的各类不利因素、发生这些不利因素的原因、不利因素的转化条件以及可能造成的后果揭示出来,进而对导弹装备技术保障的安全风险做出正确评价与估量,并且采取有效措施防止此类事故的发生,寻求导弹装备技术保障能够获得最低事故率、最少的损失和最低的安全投资/效益比。

导弹装备技术保障安全风险评估的目的,可以用一句话来概括,即导弹装备技术保障安全风险评估的目的是防止事故,减少事故,使技术保障最终达到"零事故"状态。具体来说就是通过对某项任务进行安全分析评估,找出该单位在导弹装备技术保障过程中存在的一切不安全因素,明确该单位在导弹装备技术保障安全方面存在的主要危险或潜在危险,然后有针对性地采取切实可行的措施,以寻求最低的事故率,从而确保安全。从这个目的出发,我们也可以说导弹装备技术保障安全风险评估的目的是:①降低技术保障过程中事故发生频率;②减少事故严重程度和损失程度。从这个意义上说导弹装备技术保障安全风险评估的着眼点是预防事故,因而带有预防预测的性质。所以在进行导弹装备技术保障安全风险评估时,特别要牢记"预防事故、减少事故"这个目的。因此,导弹装备技术保障安全风险评估不是通过量化分析、打分去评比先进,而是通过定性、定量分析情况,找出危及导弹装备技术保障安全的问题,然后采取措施解决问题,减少或消除不安全因素,从而提高导弹装备技术保障安全。

做好导弹装备技术保障安全风险评估工作,对预防事故、保证安全具有重要意义。

1) 有利于预防事故和减少事故

导弹装备技术保障安全风险评估的本身具有以"预防为中心"进行预先安全分析的思想。导弹的特殊性决定了导弹装备技术保障安全必须立足于事先管理,因此,预测和预防是导弹装备技术保障安全的中心课题。只有掌握了事故发生规律,才能采取各种预防措施,做到预防事故、减少事故。导弹装备技术保障安全风险评估,首先要辨识或找出各种危险(即危及安全)的因素,采用定性、定量的分析方法,逐层逐项地分析导弹装备技术保障安全形势,找出危及导弹装备技术保障安全的薄弱环节和各种不安全因素或隐患,确定其危险程度。在此基础上,可以有针对性地采取各种措施,控制住危险因素的发展和增加,进而消除不安全因素或隐患。把预防事故的关口前移,这样从微观来说可及时防止该系统(单位)发生事故,从宏观来说就可减少事故发生,充分体现预防为主的指导思想和原则。

2) 有利于加强导弹装备技术保障安全管理

导弹装备技术保障安全风险评估可对部队导弹装备技术保障安全性有个正确、全面、客观的评价,各级装备部门可以及时动态地了解和掌握所属单位导弹装备技术保障安全形势。可以根据不同情况,按照不同的危险等级和隐患类型分门别类地做出有针对性的管理、控制和指导。特别是利用计算机平台开发的导弹装备技术保障安全风险评估系统,实时地了解和掌握所属单位导弹装备技术保障安全情况和变化趋势,分析评估导弹装备技术保障安全的薄弱环节和潜在问题,制定和采取相应措施,及时预防事故。

3) 有利于完善导弹装备技术保障安全保障体系

导弹装备技术保障安全风险评估可以健全和完善导弹装备技术保障的保障体系,目的是从整个系统(单位)到具体的保障单元(人员),把各个环节和各个部位的技术保障安全管理活动严密地组织在统一的安全管理大系统中。这个系统包括各类专业人员的情况、落实规章制度的情况、装备性能数据、装备维修差错以及事故和事故征候等内容。通过这个体系,形成一个信息网,加快各层次的信息收集、处理、传递,使各个环节、各个部位相互了解,相互促进,推动导弹装备技术保障安全目标管理的开展。不但使评估具有更加坚实可靠的基础,而且可帮助各级装备部门充分利用评估数据信息从总体上把握和管理本单位的导弹装备技术保障安全状况,有利于在导弹装备技术保障安全方面做出正确决策,从而大大提高导弹装备技术保障安全管理水平。

3. 导弹装备技术保障安全风险评估的特点

(1) 风险存在的客观性和普遍性。人类的一切活动都存在风险,尤其在复杂的军事活动中,任务情况一般都是复杂的,地域是陌生的,未知风险因素更多。高技术装备结构复杂,使用要求高。因此,军事任务中,特别是高技术装备的使用必然存在风险。同时,事例表明这种情况也是普遍的。

(2) 某一具体风险发生的偶然性和大量风险发生的必然性。由于实际装备使用情况的复杂性,影响因素多,某种风险的发生是偶然的。但由于措施不得力,风险的发生是必然的。

(3) 风险的多样性和可变性。如果控制措施得力,风险可以降低;要是风险意识差,工作失误,也可以造成风险增大。

(4) 风险的多层次性和关联性。风险是复杂的,互相联系的,各类风险之间也是可以相互转化的。

1.1.2 导弹装备技术保障安全风险评估的要素

在导弹装备技术保障过程中,发生的安全事故是多种多样的,发生的原因也各不相同。但总的来说,其安全风险因素就是主观和客观两种,主观因素主要是装备的使用人员、管理人员的失误,客观因素主要来自于装备和环境的不良状况。

1.1.2.1 人为因素

在导弹装备技术保障过程中,人是主体。在导弹装备技术保障活动中,人员的行为受到多方面的影响,导致事故或危险的发生的因素有内在因素(如生理、心理因素），还有管理因素、训练因素和标准因素等。

1. 思想麻痹

尽管从普遍意义讲,安全工作在各级都得到广泛重视,但涉及具体的人和事时,安全教育却未必产生明显效果。有些人员把某些侥幸的安全,当作必然的结果,以为掌握了预防事故的规律;或者认为事故离自己很远,对他人或其他单位发生事故案件不吸取教训,从而对事故隐患、征兆,不采取预防措施,致使事故从可能变成现实。事故的直接肇事者,其在工作中大多表现为疏忽或分心。如个别老驾驶员、号手常常犯一些低级错误,主要原因不在技术不精而在思想轻视。一般情况下,事故不是发生在准备过程和紧张的训练过程中,而是发生在完成任务后的返回阶段,这反映出人员在执行任务时两种不同的心态,导致了对情况判断的失衡。

2. 违章操作

不按规程操作也是事故的基本原因之一。这主要是指在装备使用过程中,使用人员违反规章制度、操作规程等程序和要领,从而导致事故的发生。装备特别是高技术装备不仅有着结构精密的内部构造系统和相互依存的整体效能体系,而且有必须循序渐进的启动程序和不得随意违反的操作规程。为了确保装备的正常运转,使其在安全状态下发挥既有的功能,所有装备都有科学严格而又具体详尽的操作规程和技术规范,使用者只有严加遵守,才能使装备处于安全正常的技术战术状态。倘若违规操作,就会破坏其原有的程序结构,使已设系统及其功能故障,小则发挥不了装备的正常功效,大则造成机毁人亡的严重后果,战时则可能付出更为惨重的代价。装备管理安全工作的有关条令条例、教程、规章制度都是经验的总结甚至鲜血和生命换来的教训,遵守规定,就可以实现安全的目标;忽视规定,就有可能要付出血的代价。

3. 训练失误

对人员操作技术的培训和具体实践的训练不够科学和严格,人员的专业素质达不到标准的要求,在执行任务和操作装备时便可能因为操作失误发生事故。训练的失误也成为一类风险因素。由于各种原因,部队训练不实的情况存在,导致在关键时刻,发生问题。尤其是新装备训练,突出的矛盾是操作使用训练不够科学,训练内容不系统,相关制度落实不严格。对于新老装备的交替,很大一部分训练人员不能及时掌握新装备的操作规程和注意事项,有个时候甚至造成新老装备的使用要求混淆,从而造成多种新的装备事故,没有发挥新装备的高性能作用,严重阻碍了部队战斗力的提高。

1.1.2.2 装备因素

装备技术状况的好坏,对其本身的安全也有重要影响。装备本身的整体性很强,一个零件发生故障,都将影响装备的技术性能和使用效果甚至造成严重的事故。

9

1. 装备设计上的隐患

武器装备在研制设计上的隐患是装备事故的源头和主要诱因。由研制设计隐患导致的事故很多。例如,F-16战斗机设计中存在的缺陷,线路稍有问题,就非常容易发生短路现象,使发动机失去推力而失控。装备在设计时,安全性设计不完善,防护措施不得力,缺乏风险的识别、预测与警告,发生装备事故的概率必然较大。

2. 装备制造上的缺陷

由于质量问题造成装备难以形成战斗力,质量差的装备事故率高。同时,随着武器系统科技含量的增加,质量问题也越来越突出。由装备质量引起的事故造成了巨大经济损失,甚至人员伤亡。装备在生产制造时,个别零部件的质量不过关特别是一些危及安全的主要零部件如果质量不过关,其装备的安全性必然受到极大的影响,如发动机产生早期磨损,造成发动机烧蚀事故;变速箱齿轮轮齿折断,打伤变速箱等事故在装备使用过程出现很多。

3. 装备可靠性下降

装备在使用过程中,部分零部件因磨损、老化失效等原因,其可靠性逐渐下降,当可靠性下降到一定程度时,装备可能发生故障,若此时采取措施不得力,极易导致装备事故发生。装备在维修过程中,由于维修质量不高,导致装备的战术、技术性能不能得到好的保证,在训练、作战、战备以及其他任务执行过程中,易造成装备损坏而发生事故。

1.1.2.3 保障因素

充分、及时、科学的保障是部队提高战斗力的有利保证,只有各项装备和技术保障充分有力,部队人员和装备的最大效能才能很好地发挥出来。相反,如果保障出现问题,对人员的装备的影响也将是致命的,使得部队的战斗力大打折扣。物资保障如不能得到及时充分的提供,首先对于人员来说,没有良好的营养供应,人员的各项生理机能就不能有一个良好的状态,也会导致较为低迷的精神状态,影响到工作,整个装备使用过程效率降低,更严重的将会引发事故。其次对于装备来说,装备出战斗力,在执行任务时,如缺少所需要的工具装备,则效率低下,更有可能出现事故。维修保养等保障如不充分及时,装备故障不能得到及时的处理,保养不充分及时更是可能导致装备的损坏。

另外,如果技术保障不当,当操作人员在使用过程中出现问题或遇到技术难题时,得不到很好的解决,成为风险因素,进而影响到工作的进程和效率,导致任务失败。

1.1.2.4 环境因素

装备的环境适应性问题长期困扰着各国军队。美国国防部在20世纪60年代进行的专门调查表明:环境造成武器装备的损坏占整个使用过程中损坏的50%以上,超过了作战损坏。在库存期,环境损坏造成的比例占整个损坏的60%。海湾战争中,多国部队共集结各种军用直升机 1700 多架,损伤了 21 架,其中战斗损伤仅为 5 架,其余 16 架均为非战斗损伤。这当中,恶劣的沙漠环境是造成损伤的重要原因之一。

造成装备事故的环境因素主要是气候环境、地形、电磁环境、噪声、植被等的影响。气候环境的影响重要是指恶劣的天气影响装备的使用以及装备本身的技术状况,如高温易使装备过热发生电子元件失效、机械润滑不良,易造成装备发动机烧蚀等;低温易使橡胶制品变硬变脆而断裂,发生装备事故。在海湾战争中,由于不适应沙漠环境,美军坦克的瞄准系统偏差大造成打不中目标,红外夜视装置无法识别敌我目标而造成误伤。我军的二、三代装备中使用了大量的电子激光、夜视、计算机以及电磁技术,这些装备的使用和保管对环境的要求增加了。同时,环境的不利因素对人员的心理也将造成影响,对于正确的装备使用增加了危险因素,将造成装备事故的增加。

1.1.2.5 管理因素

在装备的不安全状态和人的不安全行为以及它们的背景原因后面还有更深层次的管理方面的原因。管理缺陷是造成事故的间接原因也是本质的原因。管理指按照定义的标准、程序和控制措施指导过程。

(1)管理人员工作失职。一些指挥员不深入实际了解情况,对事故发生的潜在因素、隐患、征兆不够重视。在工作中,不重视安全工作的教育、安全制度和安全措施的落实,导致事故的发生。例如,车场检查站是保障装备安全的一道重要关口,有些事故的发生就是与其工作失职有直接的联系。

(2)不按科学规律办事。有的指挥员不了解装备性能,对装备的技术状况不了解,不顾装备的技术状况,违规进行训练和使用,另外,部队"重训轻保"现象非常严重,使装备处于严重的"失修失保"状态,极易导致装备事故。

(3)检查制度不落实。无论是平时的装备工作还是大型活动中使用装备时都要有严格的风险预防措施。作为指挥员和组织者,要经常检查安全工作和责任制的落实情况,才能不出或少出事故。检查不细致,导致一些装备带故障疲劳作业或者明知装备有小故障,不仅不及时排除,还继续使用,致使装备损坏。

(4)没有使用风险管理过程。由于实际使用环境的复杂性,使用规章制度难以覆盖所有的危险情况,因此需要一个使用风险管理的过程,来确定这些不确定因素对安全使用的影响。通过国外特别是美国军队的实践经验来看,如果没有这个过程,会使事故率增加。

1.1.2.6 任务因素

任务是人员、环境、装备和管理的相互作用的结果。任务的成功和安全是风险管理的根本目的。因此,需要对任务进行分析,详细了解任务的目的、意义和执行过程。

1.2   安全风险评估的历程与趋势

1.2.1   国外安全风险评估的发展历程

据有关资料表明,一方面安全风险评估是由保险业发展起来的,20世纪30年代保险公司为投保客户承担各种风险,并收取一定的费用。这样收费多少就与所承担的风险大小联系在一起,风险越大,收取的费用就越多。这就出现了如何衡量风险度的问题,这个衡量风险度的过程就是最早的安全风险评估。现在安全风险评估已经扩展到全世界范围内的各行各业,发展了许许多多的评估方法,促进了各行各业安全性的提高。另一方面,安全风险评估又是与系统安全性联系起来的。最早出现系统安全性概念是在美国,1949年提交给美国航空科学协会的一篇名为《关于安全性工程》的论文上面,这篇论文提出了在飞机设计中考虑飞机性能、稳定性、结构完整性的同时,必须考虑飞机的安全性,进行飞机安全性设计。在设计飞机时,必须与建立空气动力组、载荷组一样,建立安全组来考虑飞机的安全性。这些概念提出后,直到20世纪60年代初开始以合同的形式被正式应用。这以后,才有了关于导弹安全性设计的概念。最早正式运用正规的系统安全性大纲进行设计、制造的导弹是民兵式洲际弹道导弹,以前进行的阿特拉斯与大力神洲际弹道导弹安全设计审查,仅是在研制的早期阶段指导承包商对重要的工程进行安全设计。1962年4月美国空军部发布了名为《空军弹道导弹研制系统安全性大纲》代号为BSD62-41的文件,该文件对军用导弹承包商提出了系统安全性大纲要求,首次对安全性的实质性基础工作做出规定,与此同时学术上也第一次出版了《弹道导弹安全系统工程学》,完善和总结了系统安全的基本概念。同年9月颁布《武器系统安全标准》代号为WS133B的文件。随着对系统安全性认识的深入和提高,使用范围的继续扩大,美国空军于1963年9月对上述空军部颁发的系统安全性大纲BSD62-41进行了修改,建立了空军规范《军用规范——对系统及其子系统、装备的安全性工程一般要求》。经过试用,于1966年6月,美国国防部将此空军规范修改为国防部规范 MIL-S-38130A。1965年航空工业承包商也对安全系统工程产生了极大兴趣,美国波音公司和华盛顿大学在西雅图召开了专门的学术讨论会,探讨研究安全系统工程,对航空工业如何进行安全性、可靠性分析、设计进行了深入而广泛的研究,在导弹和超声速飞机进行安全性评估的领域内取得了可喜的效果。尽管如此,由于是在发展初期,人们对安全系统工程学的认识还不够重视,不能完全接受这个新鲜事物,出现了1967年"阿波罗"号宇航员三人被烧死的事故,航空航天局因此而得到惨痛教训。从此,人们尤其是航空航天领域内的人们,对安全系统工程的重视越来越广泛而深入,并进一步推动了对法规的重视。1967年7月,

MIL – S –38130A 正式修改为国家军用标准 MIL – STD882《对系统及其子系统、装备的系统安全性要求大纲》。这个标准首次作为国家正式文件提出了安全系统工程的基本概念以及武器装备安全性设计、分析、综合等基本原则，成为采办所有军用产品和应满足系统安全性的强制性标准。以后该标准又于 1969 年和 1977 年进行了两次修订。美国航空和航天领域获得了突出成果，不能说不是成功地运用了安全系统工程的结果，特别是在对危险性方面做出了成功识别、评估和控制的结果。

与此同时，民用工业也越来越重视安全系统工程学，运用系统安全性大纲的部门也越来越多，其中以化学工业、核电站等部门最为成熟。1964 年，著名的在世界范围内影响很大的美国道化学公司首先开发安全性评价技术，首创了称为"火灾爆炸指数评估法"的评估方法，使用火灾爆炸指数作为衡量一个化工企业安全评价的标准，经过一系列改进，20 年内已经修改了三次，得到了完善。后来英国帝国化学公司（ICI）在此基础上推出的蒙德（Dond）法，日本推出的岗山法等使评估方法更加科学、合理。鉴于核电站的风险巨大，如果核爆炸则会造成千百万人死亡，即使不爆炸，因核电站事故而造成放射性物质泄漏，也会造成严重核污染，对人类产生不良影响，因此核电站的安全性评估，受到各国政府普遍重视。英国以原子能公司为中心，从 20 世纪 60 年代中期开始，就集中人力、物力研究核电站事故率、安全性和可靠性问题，在如何定量评价核电站安全性方面做出了很有成效的工作。他们将概率论引入安全系统工程，创造了以风险率为标准的新的安全评价方法，并建立了系统可靠性服务机构和事故率及可靠性数据库，不断收集核电站有关设备和装置的故障数据，向有关单位提供，以便及时评价核电站安全性。这种以风险率为标准的定量评估方法得到了迅速发展。后来，美国也在核电站安全性评价方面做了许多工作，1974 年美国原子能委员会组织十几个人，用两年时间，花三百万美元，收集了核电站各个部位历年发生的故障及其概率，首次应用事故树、事件树分析方法，对核电站安全性做出评价，发表了《商用核电站事故评价报告》，即 WASH – 140 报告。这个报告因组织者为麻省理工学院教授拉斯姆逊，而被称为拉氏报告。这个报告的发表立即引起世界同行的关注，丰富了安全性评估技术和方法，推动了安全系统工程特别是在安全性评价方面的深入发展。这个报告的出现标志着以风险率为标准的定量安全风险评估已日趋成熟，科学技术工程方面的安全风险评估理论逐渐形成。

目前包括安全风险评估在内的安全系统工程已为世界各国普遍重视，并多次召开全球性的安全系统工程的学术会议，出版了许多学术刊物和专著。国际安全系统工程学会，每两年召开一次年会，促进安全系统工程学术交流和发展。1983 年在美国休斯顿召开第六届国际系统安全会议，有 40 多个国家参加，征集的论文涉及国民经济各个行业，足以证明安全系统工程正在越来越广泛地应用，起到越来越大的作用。定量安全风险评估工作已在世界范围内特别是在许多工业发达国家内得到广泛的应用,并制定许多技术性的标准。例如:日本劳动省规定化工厂必须做出综合的安全风险评估;英国规定新建企业没有进行安全风险评估不许开工。安全风险评估已成为当代安全管理中一项卓有成效的重要方法。

从军事领域来看,国外安全评价的重大发展得益于军工行业的深入研究。在外军部队,风险评估也是安全防事故的一项基本制度,如美军的军种安全中心会定期对各军种部队进行安全检查和安全评价,陆军利用"安全管理系统"数据库为预测事故风险和制定安全方案提供科学依据,基层指挥官被要求在训练和战斗中都要实施事故风险的预防和控制,并在陆军一级司令部、基地和社区建立了"安全和职业健康咨询委员会"。

1.2.2　国内安全风险评估的发展历程

我国在发展运载火箭的过程中,也注意到了安全风险评估的问题,但到 20 世纪 70 年代末引入西方的安全风险评估技术时,才受到各行业和专家学者的高度重视。1976 年清华大学核能技术研究所在核反应堆的安全风险评估方面,1978 年天津东方化工厂分析高氯酸生产过程时,均开始应用故障树分析法;冶金系统同期也开展了安全系统工程的研究。从那时起,国家开始在建设项目上多年实行"三同时"劳动安全卫生政策,为随后推行的安全风险评估工作打下了基础。

1982 年我国首次召开安全系统工程座谈会,研讨了学科发展方向和事件树、故障树分析技术。1983 年起劳动人事部组织相关机构和人员,连续几年进行防尘防毒工程技术措施综合评价的课题研究,使安全风险评估方法在国内首次得到了大面积的尝试,并于 1991 年颁布了第一部规范评价行为的行业标准《劳动卫生工程技术措施综合评价导则》(LD/T1—91)。同时,"易燃、易爆、有毒重大危险源的安全评价技术"被列为"八五"科技攻关重点项目,于 1995 年由劳动部、北京理工大学合作完成,填补了我国跨行业重大危险源评价技术的空白,使工业安全评价初步从定性进入定量评价阶段,并在此基础上制定了《重大危险源辨识》国家标准(GB18218—2000)。这一时期,为促进安全风险评估在生产管理中的实践和应用,1986 年劳动人事部下达了制定工厂危险程度分级标准的科研项目,1987 年机械电子工业部首先提出在机械行业内开展机械工厂安全风险评估,并于次年公布《机械工厂安全性评价标准》,随后有关部门陆续颁布了石化、电子、医药生产经营单位和化工、冶金、兵工、航空航天工厂安全风险评估或危险程度分级的方法、标准或通则,以及类似美国 MIL-STD-882B 的国家军用标准《系统安全性通用大纲》(GJB900—90)。劳动部 1988 年首次要求建设单位报送拟建项目的职业安全卫生评价报告(即预评价报告),1992 年又首次将建设项目职业安全卫生综合评价规定为必须提交的验收文件,从而在政策上确定了安全风险评估的重要地位。国家技术监督局同年发布《光气及光气化产品生产装置安全评价通则》（GB13548—92），成为工业生产中第一个以国家标准颁布的安全风险评估方法。

我国发生多起特大事故后，安全工作受到政府部门和社会各界的高度重视，1994年、1995年分别在太原和成都召开各行业安全研究的研讨会，安全风险评估遂在各行业系统逐步推广和展开。三峡建设工程、陕京输气管道、西气东输干线等都进行了定量安全风险评估；民航总局陆续开发了"航空公司安全评估系统""民用机场安全评估系统"和"空中交通服务安全评估系统"；北京、上海、天津、深圳、青岛、成都六城市开始进行重大危险源普查监控试点工作。劳动部1998年颁布关于建设项目（工程）劳动安全卫生预评价的管理办法及单位资格认可与管理规则，国家经贸委1999年下发通知正式实施安全评价机构的资格认可工作，13家机构随后首批获得预评价单位资格证书。2000年，国家电力公司首次组织专家对福建电网进行安全试评价，并颁发了《输电网安全性评价实施办法》。随后，中国石化与国际接轨全面实施 HSE 管理体系，提供了几种评价方法。国家质检总局2001年发布《职业健康安全管理体系规范》（GB/T28001—2001），明确地提出了安全管理体系中风险辨识和安全评价的重要作用。

2002年1月，国务院颁布《危险化学品安全管理条例》，在中央政府制定的法规中首次出现了"安全评价"这个名词，并将安全评价报告作为必须提交的申请文件。6月，国家安全监管局下发《关于加强安全评价机构管理的意见》，延续并发展了国家经贸委开展的建设项目劳动安全卫生预评价工作，把单一的预评价扩展为安全预评价、安全验收评价、安全状况综合评价和专项安全评价四种类型。紧接着全国人大常委会通过了《中华人民共和国安全生产法》，安全评价被写进了国家的法律中，这些在安全评价发展的历史上具有十分重要的意义。10月，安全监管局出版《安全评价》一书，后经多次修订发行。2003年3月，安全监管局颁发《安全评价通则》。此后安全预评价、安全验收评价、安全现状评价以及煤矿、非煤矿山、烟花爆竹、民用爆破器材、陆上石油和开采业、危险化学品生产和经营单位等一系列安全风险评估导则陆续发布，安全风险评估的标准化体系初步形成。2004年7月，国务院决定对安全风险评估机构实行资质许可制度。10月，安全监管局颁布了《安全评价机构管理规定》。2005年，有关安全风险评估从业人员与机构的登记、考试、管理等规则、办法或指南陆续颁布与实施，安全风险评估的管理与运行程序逐步规范。2007年，安全监管总局发布《危险化学品建设项目安全评价细则（试行）》和新修订的《安全评价通则》《安全预评价导则》《安全验收评价导则》，并对《安全评价机构管理规定（修订稿）》广泛征求意见。

总的来看，我国的安全风险评估经过30年左右的发展，从无到有，从小到大，可大致分为三个阶段，见表1-1。

表 1-1 国内安全风险评估发展的三个阶段

阶段	起止时间	政策背景	主要特点
I 借鉴探索	20 世纪 70 年代末 至 90 年代初	劳动保护"三同时"政策	①借鉴吸收国外先进的安全风险评估技术; ②各工业部门结合实际探索运用各种评估方法; ③以定性评估为主,并展开了研究工作
II 推广初创	20 世纪 90 年代中期 至 21 世纪初	劳动安全卫生预评价政策	①从工业推广至其他领域并大量运用; ②各行业内部评价标准初步创立; ③出现了评价软件且研究日益活跃
III 规范发展	2002 年 至今	安全风险评估法律法规技术标准	①形成统一规范的安全风险评估法规体系; ②出现大批专业安全风险评估人员与机构; ③国家加大对安全风险评估的监督与管理

从军事领域来看,安全风险评估的发展与国外相似,军工行业应用最早、最成熟,主要集中在装备安全性设计、研制和试验方面。海、空、原二炮部队由于装备和性质的特殊性,20 世纪 90 年代以后也陆续制定了相关的法规文件,但主要注重于大型装备或军事活动(如潜艇安全、飞行安全)的风险控制。全军普遍性的安全风险评估在专家学者的呼吁和实践工作的推动下,近几年才摆上议程,2003 年颁发的《解放军安全工作条例》仅对危险物品建设工程项目的安全设施设计提出安全评价要求,2008 年修订后发布的《中国人民解放军安全条例》才正式将安全风险评估纳入安全工作的基本制度。《安全条例》首次明确了安全建设的相关内容,并规范了安全教育的时机、内容以及实施方法;明确了安全原理学习、典型案例研究、特情处置训练、模拟训练和适应性训练等安全训练方法。《安全条例》坚持预防为主的方针,建立健全了安全分析预测、安全风险评估、安全检查监督等防范机制。其中,风险评估作为现代安全管理的一个新理念,首次写进我军条例。《安全条例》对事故等级与分类进行了调整。进一步完善了事故应急处置、事故调查处理和事故责任追究等机制,规范了应急救援、应急保障的内容、程序和方法。并首次提出了要在部队工作中实施风险管理。但据各部队了解反映的情况,基层部队的安全风险评估尚处于试行和摸索阶段,配套性的法规、人才、技术等亟待完善,部队落实《安全条例》,在实施风险管理方面缺少经验和必要的技术支持。

1.2.3 安全风险评估的发展趋势

安全风险评估理论和技术涉及社会科学、自然科学、管理科学以及工程技术等多学科领域,是一门交叉学科,包含着深刻的科学问题并有着巨大的理论与实践创新空间,在未来的发展阶段,安全风险评估的研究与应用很可能体现在以下几个方面:

（1）安全风险评估研究得到较快发展，局部关键技术出现突破，并与其他学科进一步交叉融合，从而奠定它在安全科学及工程领域的突出地位。例如，模糊理论、人工神经网络、贝叶斯原理、灰色系统理论和层次分析法等在安全风险评估技术中的运用和完善。

（2）安全风险评估技术得到迅速应用，逐步推广到社会各行业，既会针对各领域特点增强适应性，从单套装置、单道工艺扩展至整个工程，又可能紧密结合职业安全健康（OSH），发展成为继质量 ISO9000 和环境 ISO1400 之后的企业管理三大体系。

（3）安全风险评估服务形成独立产业，向规模化、专业化和全面化方向发展，政府部门将会加大管理力度，完善技术标准体系，规范安全风险评估机构与人员的执业行为，同时促进评估软件和安全信息系统的开发，提升安全风险评估的信息化程度，确保安全管理评估服务健康稳步发展。

1.3　导弹装备技术保障安全风险评估的必要性和意义

随着军队转型工作的不断推进，部队实战化演练及遂行非战争行动任务不断增多。部队在参与重大军事任务中，动用导弹比较频繁，而在导弹装备技术保障过程中充满了不确定性因素，隐藏着潜在性风险，稍有不慎就可能发生事故。科学地评估各项工作的安全风险程度，找出影响安全的因素，对于做好安全工作至关重要。安全风险评估就是从工作带来的负效应出发，分析、论证和评估由此产生的损失和伤害的可能性、影响范围、严重程度及应采取的对策措施等，有效地减少各种事故的发生。我军各级都非常重视安全风险评估工作，中央军委于 2003 年 4 月首次颁发了《中国人民解放军安全工作条例》，对危险物品建设工程项目的安全设施设计，提出了安全条件论证和安全评价要求；原国防科工委 2004 年 9 月发布了《军用爆炸物品或枪械类地面仓库安全评价》国家军用标准；军委 2008 年 7 月修订发布了新的《中国人民解放军安全条例》，明确了安全分析预测、安全检查监督制度，并首次规定了安全风险评估的内容、组织和要求；海军 2013 年制定了《海军安全风险评估暂行规定》，首次对海军各级机关实施安全风险评估的职责、内容、组织实施过程以及安全风险的等级划分、规避和控制等内容进行了详细的阐述。

导弹装备技术保障安全风险评估就是对导弹装备技术保障安全风险作出评估和度量，主要是把导弹装备技术保障潜在危险的各类不利因素、发生这些不利因素的原因、不利因素的转化条件以及可能造成的后果揭示出来，进而对导弹装备技术保障安全风险做出正确评价与估量，并且采取有效措施防止此类事故的发生，寻求导弹装备技术保障能够获得最低事故率和最少的损失，有效地减少导弹装备技术保障过程中各种事故的发生，进一步提高执行重大任务的导弹装备技术保障能力。

目前,部队在开展导弹装备技术保障安全风险评估方面,还存在许多薄弱环节。从法规制度层面看,《中国人民解放军安全条例》对安全风险评估单设一章,系统规范了安全风险评估的内容、组织、实施程序和方法要求等,使安全风险评估机制的构建有了基本遵循,但要制定与之相适应的特定军事活动(如导弹装备技术保障)和可操作性的安全风险评估标准,使之指导安全风险评估实践,还需要我们不断探索和积极作为。从理论研究层面看,对安全风险评估的研究,多数停留在介绍概念、提出要求的阶段,没有运用相关理论和方法对部队事故作出理论上的分析与阐述,这方面的理论成果也比较缺乏。从工作实践层面看,基本上都是进行定性分析,并且经常是侧重于导弹装备本身的安全性分析,对于导弹装备技术保障过程中维护使用的安全风险分析不够重视,但是往往许多事故就是由于技术保障过程中的一些危险事件所造成的,因此,要加强技术保障的安全风险评估。总体上,在导弹装备技术保障安全风险评估过程中,因人员素质不高、组织方法不科学,导致安全风险评估存在较多问题。例如:定性分析多定量分析少,导致安全风险评估缺乏科学性;机关参与多基层参与少,导致安全风险评估缺乏指导性;组织频率多深入研究少,导致评估质量不高;上级要求多基层落实少,导致上下脱节。因此,虽然在导弹装备技术保障活动中已经开展了安全管理工作,但由于任务的调整、装备的更新、人员的变动等因素,安全风险的评估与预防工作必须随着认识的不断深入和保障经验的逐步积累而持续深化。

因此,本书着眼于部队适应军事转变要求、大力开展实战化训练的任务需求,立足于导弹装备技术保障现状,系统介绍了导弹装备技术保障安全风险评估的组织与实施程序,对导弹装备技术保障的风险识别、分析、评价技术进行了详细介绍,为找出导弹装备技术保障中存在的安全风险,确定可能发生事故的关键环节,评定技术保障安全风险等级等工作提供理论依据和方法指导,为进一步完善保障方案和应急处置预案提供重要参考,从而进一步提高导弹装备技术保障能力。

小　结

本章首先阐述了导弹装备技术保障安全风险评估的内涵和基本特征,然后介绍了导弹装备技术保障安全风险评估技术的历程与趋势,最后论述了实施导弹装备技术保障安全风险管理的必要性和意义。

思考题和习题

1. 风险的定义是什么?具有哪些特征?
2. 什么是安全风险评估?具有哪些主要特征?

3. 什么是导弹装备技术保障安全风险评估？具有哪些特点？
4. 阐述导弹装备技术保障安全风险评估的要素。
5. 简述导弹装备技术保障安全风险评估技术的发展趋势。
6. 论述开展导弹装备技术保障安全风险评估的必要性和意义。

第2章　导弹装备技术保障安全风险评估组织与实施

开展导弹装备技术保障安全风险评估是顺利完成部队战备和训练任务的需要,是顺利完成导弹装备技术保障任务的有力保证,也是进一步提升导弹装备技术保障能力的重要途径。

2.1　导弹装备技术保障安全风险评估的内容

2.1.1　安全风险等级

根据导弹装备技术保障安全风险因素的危害程度和风险概率确定风险等级。风险因素的危害程度,通常根据可能造成的特大事故、重大事故、严重事故、一般事故,划分为很高、高、中、低四个等级。风险概率,通常根据发生事故的可能性大小,划分为大概率事件、中等概率事件、小概率事件、极少发生小概率事件四个级别。

导弹装备技术保障安全风险分为一般风险、较大风险、重大风险、特大风险四个等级,分别用蓝色、黄色、橙色和红色标示。

（1）一般风险,是指环境条件、导弹装备、保障人员、保障方案和应急预案等基本符合安全技术要求,但存在一定的安全风险因素,具有发生一般事故的可能性,或者不致构成事故,但可能存在造成人身伤害、装备损坏和直接经济损失的一般危险。

（2）较大风险,是指环境条件、导弹装备、保障人员、保障方案和应急预案等与安全技术要求有不符合的部分,存在较大的安全风险因素,具有发生严重事故的可能性,或者不致构成较大事故,但发生一般以上事故的概率很大,存在造成人员伤亡、装备损坏和直接经济损失的较大危险。

（3）重大风险,是指环境条件、导弹装备、保障人员、保障方案和应急预案等与安全技术要求有较大差距,存在重大的安全风险因素,具有发生重大事故的可能性,或者不致构成重大事故,但发生较大以上事故的概率很大,存在造成人员群死群伤、装备和设施严重毁坏的重大危险。

（4）特大风险,是指环境条件、导弹装备、保障人员、保障方案和应急预案等无法满足安全技术要求,存在特大的安全风险因素,具有发生特大事故的可能性,或者不致构成特大事故,但发生严重以上事故的概率极大,存在对人员和装备造成巨大损失的特大危险。

2.1.2　评估内容

导弹装备技术保障安全风险评估主要包括以下三个方面内容。

首先,找出风险因素。在实施导弹装备技术保障过程中,常见的安全风险因素主要有:

(1) 素质能力性危险因素,包括作业人员、指挥和管理人员风险意识淡薄,防范能力不强,技术水平不过硬等危险因素;

(2) 生理心理性危险因素,包括作业人员负荷超限、生理疲劳、心理异常、健康状况异常;

(3) 行为性危险因素,包括违章组织、违章指挥、违章保障、违章操作,以及各种不安全习惯等人为失误因素;

(4) 客观环境性危险因素,包括水文、气象和地质灾害等危险因素;

(5) 物理性危险因素,包括导弹装备缺陷、设施设备缺陷、技术防范缺陷、安全防护缺陷等;

(6) 化学性危险因素,包括各类易燃易爆物质和有毒物质在存储、运输、保管、使用、防护中不符合技术规范的危险因素;

(7) 制度缺陷性危险因素,包括规章制度不健全,技术指标不明确,安全责任不落实,管理功能失效等危险因素;

(8) 综合性危险因素,包括人员、装备、环境、管理等多种因素综合作用的危险因素。

其次,分析风险诱因。分析导弹装备技术保障安全风险诱因,通常从以下几个方面着手:

(1) 分析官兵的安全认识程度,掌握官兵的风险防范控制意识;

(2) 从任务的性质特点、规模层次、联合程度、作业难度强度等总体上把握任务的风险程度;

(3) 分析评估指挥员组织领导、指挥控制、安全管理和应急处置等方面的能力,以及关键岗位操作人员专业素质、操作技能、安全作业和应急处置能力;

(4) 分析评估导弹装备、器材、工具的性能与任务需求的适应程度及对部队安全作业带来的影响,特别是导弹装备战备完好率、可靠性及对安全使用的影响;

(5) 分析任务区域内气象、水文、地质等因素对任务安全的影响;

(6) 分析评估供应保障、保障设施、装备维修等保障能力与任务的适应程度及对任务安全的影响;

（7）分析安全工作条例、维护规程、操作手册等规章制度的落实情况。

最后，根据安全风险因素的危害程度、风险发生概率，作出评估结论，确定安全风险等级并提出安全风险规避控制措施。

2.2　导弹装备技术保障安全风险评估的组织机构

《安全条例》规定，安全风险评估由组织重大活动、执行危险性较大任务的单位实施，根据需要可以请求上级机关派遣技术专家协助。安全风险评估组织按照"谁组织谁负责、谁牵头谁负责"的原则，由组织活动任务的最高领导机关组织，分管领导为主负责，主管部门牵头承办。承担导弹装备技术保障任务的部（分）队应当成立安全风险评估小组，负责领导和组织安全风险评估工作。评估小组组长由本级首长确定，通常由本级首长或者本级分管装备或训练的部门领导担任；评估小组成员通常由组织实施安全风险评估单位本级及其下属部门有关人员组成，主要包括机关领导、业务部门负责人、专业技术人员、基层部队保障人员等。必要时，根据需要可以请求相关业务部门、军内或者地方工业部门技术专家协助，担负重难点问题分析评估，参与评估结论和对策措施的评审论证，坚持领导、专家、群众相结合。

安全风险评估小组负责组织实施导弹装备技术保障安全风险评估工作，主要履行下列职责：

（1）贯彻上级关于开展安全风险评估的指示要求；

（2）制定安全风险评估实施方案；

（3）明确评估小组成员任务分工；

（4）实施安全风险评估；

（5）编制安全风险评估报告；

（6）传达或发布安全风险有关信息；

（7）指导和监督有关单位开展安全风险防范和处置工作；

（8）本级单位党委、首长赋予的其他安全管理职责。

导弹装备技术保障安全风险评估工作涉及的有关部门、单位和个人，应当积极配合安全风险评估小组工作，结合本职岗位严格落实安全防范措施，并对风险评估工作提出改进建议。

2.3　导弹装备技术保障安全风险评估的组织实施

导弹装备技术保障安全风险评估的组织实施通常分为建立评估组织、做好评估准备、确定评估方法、开展评估分析、作出评估结论和编制评估报告6个步骤。

1. 建立评估组织

首先要成立安全风险评估小组,确定评估小组组长及成员名单,明确职责和任务分工。评估小组成员应认真学习有关安全风险评估的法规和制度规定,熟悉和掌握评估方法、步骤和要领。

当导弹装备技术保障安全风险评估的对象众多、内容复杂、过程较长、涉及面广时,可建立安全风险评估领导小组、安全风险评估协调小组、安全风险评估专家小组。安全风险评估领导小组是安全风险评估工作的决策机构,通常由部队主官或分管安全工作的副职领导,技术专家小组的主要成员,司、政、后、装机关相关业务部门的领导组成。当活动范围仅限于装备部门内部时,该小组由相应的装备部门领导、技术专家组主要成员、相关装备业务部门的领导组成。其主要职责是,在专家小组和协调小组提交的综合评估报告的基础上,领导小组针对风险评估结论和等级,研究确定风险处置措施。安全风险评估协调小组,通常由部队安全委员会部分人员或活动组织(牵头)单位安全机构的部分人员组成,一般不少于三人。在领导小组的直接领导下,会同专家小组共同组织实施安全风险评估工作。负责制定安全风险评估方案,明确安全风险评估对象及范围,拟制安全风险评估规定和实施细则,协调聘请军内外专家,汇总上报风险评估报告,督促存在风险的单位进行整改等。安全风险评估专家小组,是部队装备技术领域的权威,其成员应当具备评估该类风险所需的专业特长,人数根据任务规模、重要性和涉及专业确定,主要从技术层面对装备使用、管理和保障等活动进行风险评估。专家小组为决策服务,在安全委员会和领导小组的领导下开展工作,对技术层面的问题负主要责任。

建立评估组织需要把握以下几点:

1)建立组织的时机要适当

在组织导弹装备技术保障任务时,要根据专业性质、时间跨度、紧急程度、风险来源等情况,按照"短期活动提前评、长期活动分段评、紧急活动动中评"的原则适时建立安全风险评估组织。例如,组织时间跨度较长的实兵演习,可分前、中、后(准备、实施、结束)三个阶段,根据各阶段风险因素和风险源的不同,以及各阶段部队行动的具体情况,分别建立安全风险评估组织。

2)人员编成的结构要合理

导弹装备技术保障安全风险评估是一项复杂的系统工程,涉及方方面面,具有较强的专业性,应当利用科学的技术、方法和手段,定性分析和定量分析相结合,物防与技防相结合,对装备风险的可能性,以及各个环节所承担的风险进行科学评价,为防范装备风险提供可靠依据。一是评估工作时效性强、任务重,涉及的知识面广、标准高,要求评估小组成员熟悉评估工作,具有相关的业务知识和较强的综合分析能力。二是安全风险评估各个步骤紧密联系,环环相扣,每个环节专人负责,分工协调,要求配齐相关领导、技术专家和协调人员等。三是构成风险的因素复杂,涉及的领域广、专业多、技术性强,要求专家小组成员专业齐全,且在相关领域具有绝对的权威性。四是任务实施过程中,不同的阶段、不同的条件,风险因素和风险源也不同,要求选全、选准对路的专家。

3)要确立安全风险评估组织的权威地位

安全风险评估,覆盖范围广,包涵内容全,参与人员多,过程复杂,建立安全风险评估组织非常重要,各级党委要坚定不移地确立该组织在安全风险评估工作中的权威地位。安全风险评估组织的成员,要既有领导干部、技术专家,也有基层官兵,都应当是各领域的行家里手,具备评估所需的专业特长和综合分析能力,人员构成具有权威性,该组织得出的安全风险评估报告和对策建议也具有权威性。各级要充分尊重安全风险评估组织的权威地位,要逐条对照评估报告和处置对策建议,及时跟踪了解风险防范、规避和应对措施的落实情况,有针对性地加强检查指导,消除或降低风险,确保安全。

2. 做好评估准备

做好评估准备主要是明确安全风险评估的范围和内容,制定安全风险评估的工作方案和计划,对被评估的对象进行现场调查,收集安全风险评估相关标准、规章、规范等参考资料,与评估对象相关的各种技术资料,以及官兵素质、人员管理、装备管理等方面信息。

1)确定评估内容

任何一项重大活动和危险任务,都涉及人员、时间、地点、水文、气象、物质条件等诸多方面。在确定风险评估内容时,要对风险发生的性质、概率、危害等进行定性定量分析与评估。确定风险评估内容时,既要着眼全局,把风险因素考虑全、把握准,又要着眼关键环节,抓住核心内容,突出评估重点。

2)确定评估时间

评估时间是指从开始实施评估到评估活动结束的时间。实施评估的时间,既不宜过早,也不能过晚。如果过早,在评估工作完成之后,到部队重大活动开始之前这段时间内,还可能发生需要评估的新情况。与此相反,如果实施评估的时间过晚,评估结论认为应当采取的防范和规避工作来不及做,或者尚未做完,就会影响重大活动的按计划进行。因此,通常情况下,应于重大活动或任务展开前 3 ~ 7 日完成安全风险评估。评估方案除明确评估工作的起止时间外,还应对评估流程各个阶段进行时间划分,区分为评估准备阶段、实施阶段、撰写评估报告阶段等。评估时间及阶段的划分要科学合理,充分考虑组织活动或执行任务的特点以及复杂程度,既要保证有充足的时间完成评估任务,又保证不影响任务全局。

3)制定安全风险评估方案

安全风险评估方案,是为了便于科学组织实施部队安全风险评估活动而拟制的指导性文件。通常在部队组织重大活动、执行危险性较大的任务前,由部队主要领导或安全委员会主任召集安全委员会成员,就评估内容、评估时间等主要事项进行安排部署,并提出有关要求,然后安全风险评估小组根据评估部署会的要求,研究制定风险评估方案。

4)现场调查与资料收集

评估小组应针对所担负的评估任务,进一步研究细化,确定评估单位、人员、内容等具体事项,通过搜集专家经验、问卷调查、现场勘查、案例分析等形式,掌握大量第一手资料,增强分析评估的针对性,确保评估结果的精准度。要全面收集掌握与评估内容相关的法律法规、技术标准及技术资料,为风险评估顺利组织实施提供科学依据。

3. 确定评估方法

评估方法的选择是否恰当、科学,是评估结果能否做到客观、准确、可靠的关键。因此,在具体组织实施过程中,应当根据安全标准和技术规范,综合采取技术检测、模拟试验、专家论证、综合分析等方式,选择出科学合理的评估方法。通常采取定性评估与定量评估相结合、专项评估与综合评估相结合的方式组织实施,具体方法主要有技术检测、模拟试验、定量分析和定性分析等。

1)技术检测

主要应用技术手段对导弹装备、保障设备、维修器材等评估对象和内容进行检测评估,对照标准参数确定风险因素及其危害大小。

2)模拟试验

通常用于危险系数大、经验欠缺、组织实施难、作业环境差等高风险任务。弹药销毁、新武器试验等专项险难任务,可采取电脑仿真、模型摆练、现场模拟等方式,分析排查组织流程、操作动作和应急措施等方面存在的安全漏洞。

3)定量分析

通过数据统计、概率计算等方法,分析计算风险的危害值和概率值。数据统计通常用于人员专业素质、武器装备完好率、官兵心理健康、保障能力等方面的评估;概率计算通常用于武器装备命中概率及可能危及范围、车辆运行事故等方面的评估。

4)定性分析

主要凭借所掌握的知识、经验,根据标准规范和历史资料,分析判断可能的事故风险。

上述方法手段,根据不同性质的任务可选择一种或多种,通常是多法并用。

4. 开展评估分析

根据评估对象的特点,对照安全法规和有关技术标准要求,对评估对象的各个方面进行安全检查,进行风险识别和风险分析。主要包括:确定主要作业场所、导弹装备、人员活动、环境条件的主要危险特性;检查有无重大危险源,有无可能导致重大事故的缺陷、隐患,并分析其发生途径;分析安全管理机制、安全管理制度是否科学合理;各种危险因素是否得到有效控制,事故隐患是否消除等。

1)识别与分析风险源

风险源是指各种风险产生的根源,是可能导致事故,造成人员伤亡和装备损坏的潜在因素。有的存在形式一般比较隐蔽,在事故发生时才会显露出来。为了防止事故发生,需要准确识别风险源,以便采取措施消除、抑制这些因素。因此,确定风险源是组织风险评估的关键。要根据评估对象的特点,对照安全法规和有关技术标准要求,采取系统的评估方法,对评估对象的各个方面进行全面分析,确定评估对象的主要危险部位、武器装备、人员活动、外部环境、自然条件的主要危险特性;研判有无重大风险源,以及可能导致重大事故的缺陷、隐患及途径;分析安全管理机制是否健全完善,安全管理制度、资源投入及人员配备是否符合法律法规的要求;确定各种风险源能否得到有效控制,还有哪些事故隐患等。同时,对识别的各类风险源要逐一列表登记,详加分析。

2)实施定性、定量评价

确定评估对象的风险等级,是组织安全风险评估的核心内容。在系统地识别与分析评估对象存在的各类风险源的基础上,运用风险管理、风险源辨识与评估、失效模式与影响分析等科学理论,以及风险矩阵、事故树、流程图等分析原理,对风险进行定性分析与定量分析,判断发生事故的可能性及其危害程度,通过综合评价确定风险等级。

5. 做出评估结论

完成安全风险评估后,安全风险评估小组要及时汇总各小组评估分析情况,进行综合分析,得出评估结论。评估结论主要包括可能发生事故的关键环节、事故发生概率和危害程度,风险等级,消除、规避或者降低安全风险的最佳方案等。评估结论要根据现场检查和定性、定量评价的结果,对评估对象存在的风险提出改进措施及建议。特别要对可能导致重大事故发生或容易引发事故的危险因素提出明确的防范措施及建议,确保将评估对象的风险降至最低。

6. 编制评估报告

作出安全风险评估结论后,要及时形成风险评估报告,并将评估报告整理装订,建立评估档案,以备查询使用。一般情况下,安全风险评估报告呈报安全风险评估单位本级首长和主管领导审批,上级主管部门备案。对于特别重要的活动或任务,或者评价的风险等级为重大风险以上的情况,其安全风险评估报告要报上一级相关业务部门审批。

1)评估报告要求

安全风险评估报告,是风险评估工作的阶段总结,是风险评估工作的文本表现形式,是有权威性的技术文件,是评估对象实现安全运行的技术指导性文件,应当

26

准确列出对主要风险源的评估结果,指出应重点防范的重大风险源,明确对策措施。评估报告要求内容全面,重点突出,条理清楚,文字简明扼要,数据准确可靠,结论客观公正。

2）评估报告内容

评估报告主要包括任务情况、评估说明、风险识别、风险分析与控制、评估结论、对策建议等内容。具体分为四个部分:一是任务情况,包括任务目的、参加人员、动用装备、任务安排、任务特点以及任务涉及的人员、装备、环境等相关情况;二是评估说明,包括评估小组及成员名单、评估对象、评估依据、评估方法及过程;三是风险评估,包括风险识别、风险分析与控制、评估结论、应对风险的对策建议;四是风险评估报告单,包括安全风险评估报告表、安全风险评估领导小组成员名单和安全风险评估整改通知书。

2.4 导弹装备技术保障安全风险评估的技术实现

根据导弹装备技术保障安全风险的特点,将导弹装备技术保障安全风险评估过程分为安全风险识别、安全风险分析、安全风险综合评价和安全风险控制四个阶段,如图2-1所示。导弹装备技术保障安全风险评估是一个连续的、系统的决策程序,并且是一个不断循环往复的过程。

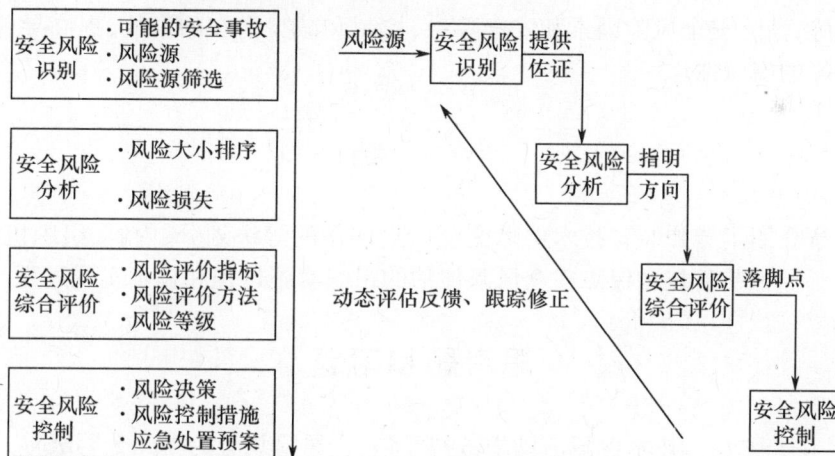

图2-1 安全风险评估程序

1. 安全风险识别

在做好安全风险评估准的基础上,对人员、装备、环境等不安全影响因素,逐一进行分析,对导弹装备技术保障过程中可能存在的风险进行识别,找出隐藏的安全风险。安全风险识别主要是通过广泛深入地调查、分析,对导弹装备技术保障过程中可能存在的所有安全风险进行识别,掌握全部可能发生的安全风险事件,并进行统计、分类、归纳,列出安全风险清单,以便对主要安全风险作进一步分析和提出相应的控制方案。

2. 安全风险分析

安全风险分析主要是对导弹装备技术保障过程中存在的安全风险因素进行描述和进一步分析,对所有可能出现的安全风险因素作重要程度的分析,分析安全风险发生的概率和可能造成的危害,从总体上对安全风险进行排序。它是对识别出的风险范围或过程进行考察以进一步细化风险描述,从而找出风险产生的原因并确定其与其他风险的关系。

3. 安全风险综合评价

安全风险综合评价就是根据事先确定的评价准则,综合各方面的因素,对被评价对象做出全面的评价,是对有多种因素所影响的事物或现象做出总的评价。导弹装备技术保障安全风险评价,就是根据构建的导弹装备技术保障安全风险评价指标体系,选择合适的评价方法,对导弹装备技术保障安全的风险水平给出评价结果,为风险控制决策提供理论依据。

4. 安全风险控制

安全风险控制主要是在导弹装备技术保障安全风险评估的基础上,针对具体评价出的安全风险因素和可能引发的安全问题,制定并认真实施降低风险、防范事故的措施,消除安全风险因素和安全隐患,控制和减少潜在的事故,提高导弹装备技术保障的安全性。

小　　结

本章介绍了导弹装备技术保障安全风险评估的等级划分、内容、组织机构,重点介绍了导弹装备技术保障安全风险评估的组织实施过程和技术实现过程。

思考题和习题

1. 在导弹装备技术保障活动中,通常将安全风险划分为哪几个等级?
2. 简述导弹装备技术保障安全风险评估的主要内容。
3. 简述安全风险评估小组的主要职责。
4. 分析导弹装备技术保障安全风险评估的组织实施过程。
5. 简述导弹装备技术保障安全风险评估的技术实现过程。

第3章 导弹装备技术保障安全风险识别

安全风险识别是安全风险评估的第一步,也是安全风险评估的基础。安全风险识别的目的是对所界定的评估系统项目中可能存在的所有安全风险加以识别,然后将这些风险按照不同的影响加以描述,以便对主要的安全风险作进一步分析。

3.1 导弹装备技术保障危险因素分析

"危险"是指在导弹装备技术保障过程中,造成任务能力的下降、人员的伤亡,装备损坏或财产损失的任何实际或潜在情况。"危险源"是指在导弹装备技术保障活动中可能导致的人员伤亡、装备损坏、环境破坏或财产损失等意外潜在的不安全因素,包括管理者和作业人员的不安全意识、情绪和行为,装备、器材、保障设施等的不安全状态;环境、气候、季节及地质条件等的不安全因素,以及这些因素间的相互影响和作用。导弹装备技术保障过程不仅涉及动能、电能、重力势能、压力势能、辐射能等一般危险源,还包含了环境因素、人为差错、装备故障三大方面,几十项危险源在内。在实际作业过程中,保障人员、导弹、保障设备、保障环境等多种要素彼此关联、相互耦合,稍有不慎就会发生跌落、碰撞、触电等安全事件甚至火灾、爆炸等事故。

3.1.1 危险因素的产生

导弹装备技术保障活动所有危险、有害因素尽管表现形式不同,但从本质上讲,之所以造成危险、危害后果均可归结为导弹装备技术保障活动中存在动能、电能、势能等能量和高压气体、易燃液体、易爆物质等有害物质,以及能量、有害物质失去控制两方面因素的综合作用,并导致能量的意外释放或有害物质的泄漏的结果。故存在能量、有害物质和失控是危险、有害因素产生的根本原因。

1. 能量

能量是导弹装备技术保障安全风险产生的根源,也是最根本的危险、有害因素。一般地说,系统具有的能量越大,系统潜在的危险性和危害性也就越大。另外,只要进行导弹装备技术保障活动,就需要相应的能量和物质,因此所产生的危险、有害因素是客观存在的,是不能完全消除的。一切产生、供给能量的能源和能量的载体在一定的条件下,都可能是危险、有害因素。例如,弹药、高压容器等爆炸时产生的冲击波、温度和压力,导弹吊装的势能,带电导体上的电能,转运车辆的动能等,在一定的条件下都能造成各类事故。这些都是由于能量意外释放形成的危险因素。

2. 失控

在导弹装备技术保障过程中,保障人员通过保障流程和保障设备使能量、物质按人们的意愿在保障系统中流动、转换,实现导弹保障目标;同时又必须约束和控制这些能量,消除、减弱产生不良后果的条件,使之不能发生危险、危害后果。如果发生失控(没有控制、屏蔽措施或控制、屏蔽措施失效),就会产生能量的意外释放,从而造成人员伤亡和装备、设施损坏。所以失控也是一类危险因素,它主要体现在装备故障、人员失误和管理缺陷三个方面,并且三者之间是相互影响的;它们大部分是一些随机出现的现象和状态,是决定危险、危害发生的条件和可能性的主要因素。

1)装备故障或失效

装备故障或失效的发生是难免的,而且是一种随机事件。但通过定期检查、维护保养和分析总结可使多数故障在预定期间内得到控制。导弹装备发生故障或失效并导致事故发生的危险主要表现在发生故障和误操作时的防护、保险、信号等装置缺乏、缺陷,以及设备在强度、刚度、稳定性、人机关系上有缺陷两方面。例如,电气设备绝缘损坏、保护装置失效造成漏电伤人、短路烧毁设备;控制部件失效使气源装置压力升高,泄压安全装置失效使压力进一步上升,导致压力容器破裂、爆炸,造成巨大的人员伤亡和装备损坏;制动器故障或起吊限位安全装置失效使导弹跌落等,都是装备故障引起的危险。

2)人员失误

人员失误泛指不安全行为中产生不良后果的行为,是引发危险的重要因素。在导弹装备技术保障过程中,人员失误是指保障人员违反管理规定、操作程序和方法等具有危险性的做法。它通常是难以避免的,具有随机性和偶然性,往往是不可预测的意外行为。由于保障人员的不正确态度、技能或知识不足、健康或生理状态不佳或环境条件(设施条件、工作环境、工作强度或工作时间)影响造成的不安全行为,主要包括操作失误(忽视安全、忽视警告)、造成安全装置失效、使用不安全设备、工具使用不当、物体存放不当、冒险进入危险场所或位置、设备运行时违规操作、有分散注意力的行为、不按规定佩带和使用安全防护用品或用具、对易燃易爆品处理错误等。例如:不遵守工作库房规定接触装备时产生静电;注意力不集中,供高压气体时误操作阀门导致装备损坏;导弹吊装时固定方式不当发生导弹跌落;导弹挂载时操作错误按压发射按钮导致导弹意外点火等,都是人员失误形成的危险。典型人为差错发生的原因:①未正确提供、传递信息;②识别、确认错误;③记

30

忆、判断错误;④动作操作错误。引起行为失误的原因见表3-1。

表3-1 行为失误原因

失误类别	失误原因
感觉、判断过程失误	现实不完善;输入信息混乱;知觉能力缺陷;错觉
联络失误、确认不充分	联络信息的方式与判断的方法不完全;联络信息的实施不彻底;联络信息的表达内容不全面;接收信息时,没有充分确认,错误领会了所表达的内容
由发射行为引起的失误	发射行为造成的危害很多,特别是在危险场所里,以不自然或不正确的姿势作业容易导致事故发生
遗忘	没有想起来;暂时记忆消失;过程中断的遗忘
单调作业引起瞌睡、失神	在简单、重复、没有变化和刺激的单调作业中,人的知识和思考力便会下降,出现回忆和发愣状态,同时冲动性行为增多,此时极易出现失误
精神不集中	信息处理的时间间隔长,极易使人思想开小差,结果忘记或影响了应当进行的信息处理;思想模糊,对信息难于处理
不良习惯引起失误	习惯性违章作业;对作业厌烦、懒惰;随大流,逞能好胜
疲劳引起的失误	对信息的方向、选择性能和过滤性能差;输出时的程序混乱,行为缺乏准确性;带病操作,连续加班作业
操作调整失误	技能水平低、操作不熟练;操作繁琐、困难;教育、训练不够;意识水平低下
操作工具的形状、布置等缺陷引起失误	操作工具的形状、布置不合理;记错了操作对象的位置;产生方向性混乱;工具、用品等选择错误
异常状态下产生错误行为	在紧急状态下,缺乏经验;惊慌失措,草木皆兵;注意力集中于一点
存在环境原因	如光线、潮湿度、空气质量、噪声振动、色彩、作业场所布置等
存在管理方面原因	制度不够健全、工作安全不妥;安全教育不够;安全意识、安全技能掌握不够

3)管理缺陷

导弹装备技术保障安全管理,是为保证及时、有效地实现导弹装备技术保障目标,所进行的计划、组织、协调、检查等工作,是预防事故、人员失误的有效手段。管理缺陷是影响失控发生的重要因素,是造成安全问题的间接原因也是本质原因。

(1)管理人员工作失职。一些管理人员不深入实际了解情况,对事故发生的潜在因素、隐患、征兆不够重视。在工作中,不重视安全工作的教育、安全制度和安全措施的落实,导致事故的发生。

(2)不按科学规律办事。有的管理人员不了解装备性能,对装备的技术状况不了解,不顾装备的技术状况,不按科学规律办事,违规进行训练和使用,有时还存在"重训轻保"现象,使装备处于不良的技术状态,极易导致装备事故。

（3）检查制度不落实。无论是平时的装备工作还是实弹演练活动中使用装备时都要有严格的风险预防措施。作为管理人员,要经常检查安全工作和责任制的落实情况,才能不出或少出事故。检查不细致,导致一些装备带故障疲劳作业或者明知装备有小故障,不仅不及时排除,还继续使用,致使装备损坏。

4）环境因素

环境,是指导弹装备技术保障活动中占有的空间及其范围内的一切物质状态。环境包括的内容,依据其导致事故的危害方式分为以下几个方面:

（1）环境中的装备使用和保障布局等;

（2）环境中的温度、湿度、光线、视野等;

（3）环境中的尘、振动、噪声等;

（4）环境中的山林、河流、海洋等;

（5）环境中的雨水、冰雪、风云等。

这些环境因素都会引起装备故障或人员失误,也是发生失控的间接因素。

环境是以其中物质的异常状态与装备使用和保障相结合而导致事故发生的。其运动规律,是装备使用和保障实践与环境的异常结合,违反了装备使用和保障规律而产生的异常运动,是在导致事故中的普遍性表现形式。

3.1.2　危险因素的类型

根据导弹装备技术保障要素构成,将导弹装备技术保障危险分为人的因素、物的因素、环境因素和管理因素四大类。

1. 人的因素

人的因素又细分为心理、生理性危险因素和行为性危险因素两类。

（1）心理、生理性危险因素:①负荷超限,包括体力负荷超限、视力负荷超限、听力负荷超限和其他负荷超限;②健康状况异常;③从事禁忌作业;④心理异常,包括情绪异常、冒险心理、过度紧张和其他心理异常;⑤辨识功能缺陷,包括感知延迟、辨识错误和其他辨识功能缺陷;⑥其他心理、生理性危险和有害因素。

（2）行为性危险因素:①指挥错误,包括指挥失误、违章指挥和其他指挥错误;②操作错误,包括误操作、违章操作和其他操作错误;③监护失误;④其他行为性危险和有害因素。

常见的不安全行为有:①有意违反安全规程;②无意违反安全规程;③破坏或错误地调整安全设备;④放纵的喧闹、玩笑,分散了他人的注意力;⑤安全操作能力低,工作缺乏技巧;⑥人际关系出现问题,影响行为与决策能力;⑦匆忙的行动,行动草率过速或行动缓慢。表3-2揭示了人为事故的基本规律。

表 3 - 2　人为事故分析

		内在联系	外延现象
产生异常行为内因	表态始发致因	生理缺陷	耳聋眼花、各种疾病、反应迟钝、性格孤僻等
		安全素质差	缺乏安全思想和知识、技术水平低、无应变能力等
		品德不良	意志衰退、目无法纪、自私自利、道德败坏等
	动态续发致因	违背规律	有章不循、执章不严、不服管理、冒险蛮干等
		身体疲劳	精神不振、神志恍惚、力不从心、打盹睡觉等
		需求改变	急于求成、图懒省事、心不在焉、侥幸心理等
产生异常行为外因	外侵导发原因	家庭社会影响	情绪反常、思想散乱、烦劳忧虑、苦闷冲动等
		环境影响	高温、高寒、噪声、异光、异物、风雨雪等
		异常突然侵入	心慌意乱、惊慌失措、恐惧失错、恐惧胆怯、措手不及等
	管理延发原因	信息不准	指令错误、警报错误
		装备缺陷	装备技术性能差、超载运行、装备非标准、无安全装置等
		异常失控	管理混乱、无章可循、违章不纠等

2. 物的因素

物的因素又包括物理性危险因素和化学性危险因素。

1）物理性危险因素

（1）设备、设施、工具、附件缺陷，包括强度不够、刚度不够、稳定性差、密封不良、应力集中、操纵器缺陷、制动器缺陷、控制器缺陷和其他缺陷。

（2）防护缺陷，包括无防护、防护装置及设施缺陷、防护不当、支撑不当、防护距离不够和其他防护缺陷。

（3）电伤害，包括带电部位裸露、漏电、静电和杂散电流、电火花和其他电伤害。

（4）噪声，包括机械性噪声、电磁性噪声和其他噪声，如机动车辆的噪声、高压气体制取的噪声、飞机发动机的噪声等。

（5）振动伤害，包括机械性振动、电磁振动和其他振动，如导弹转运车辆行驶过程中产生的振动使导弹固定松脱、压缩机运行产生的振动是固定连接装置松动等。

（6）辐射，包括微波辐射、高频辐射、激光辐射等。

（7）运动物伤害，包括堆垛滑动、坠落物、抛射物、反弹物和其他运动物伤害。

（8）明火。

（9）高压物体，包括高压气体、高压液体、高压容器等。

（10）信号缺陷，包括信号设施、信号选用不当，信号位置不当、信号不清、信号显示不准和其他信号缺陷。

（11）标志缺陷，包括无标志、标志不清楚、标志不规范、标志选用不当、标志位置缺陷和其他标志缺陷。

33

（12）其他物理性危险和有害因素。

2）化学性危险

化学性危险包括爆炸品、易燃品、腐蚀品等。

易燃易爆品主要指在外界作用下（如受热、受压、撞击等），能发生剧烈的化学反应，瞬时产生大量的气体和热量，使周围压力急骤上升，发生爆炸，对周围环境造成破坏的物品，也包括无整体爆炸危险，但具有燃烧、抛射及较小爆炸危险的物品。

导弹装备技术保障过程中常见的易燃易爆品主要包括导弹战斗部、火工品、特种弹药、各类蓄电池等。在技术保障作业过程中，由于技术保障人员的违规作业使库房内部产生静电、高温、高压以及撞击，可能导致火灾、爆炸等安全事故。

3. 环境因素

（1）室内作业场所环境不良，包括室内地面滑，作业空间狭小，作业场所物品杂乱，采光照明不良，作业场所空气不良，噪声大，内温度、湿度、气压不适等；

（2）室外作业场地环境不良，包括气候与环境恶劣、作业场地不平、基础设施缺陷、噪声大等。

4. 管理因素

（1）安全教育不深入；

（2）组织机构不健全；

（3）安全责任制未落实；

（4）作业管理规定不完善，包括安全管理规章制度不健全、作业现场秩序不正规、操作规程不规范、安全风险评估不全面、事故应急预案及响应缺陷等；

（5）过程监督未落实；

（6）组织指挥不力；

（7）作业程序不规范；

（8）其他管理因素缺陷。

结合导弹装备技术保障的内容、过程和设施设备，对导弹装备技术保障危险因素进行总体分析，见表3-3。

表3-3　导弹装备技术保障危害因素汇总

保障科目	危险有害因素														
	火灾	爆炸	高压喷射	触电	窒息	高处坠落	机械伤害	物体打击	车辆伤害	噪声	振动	高温高湿	雷击	辐射	照明不良
储存保管	√	√		√		√						√	√		√
出入库		√				√	√		√		√				√
启封	√	√													√
转运	√	√					√		√		√		√		

保障科目	危险有害因素														
	火灾	爆炸	高压喷射	触电	窒息	高处坠落	机械伤害	物体打击	车辆伤害	噪声	振动	高温高湿	雷击	辐射	照明不良
测试	√	√		√									√	√	
供气		√	√		√		√								
装配		√					√	√							√
挂弹	√	√						√	√			√	√		
运输	√	√	√					√	√			√	√		

3.2　导弹装备技术保障安全风险识别的原则、内容与流程

导弹装备技术保障安全风险识别是指对导弹装备技术保障各个方面和各个关键性技术过程进行调查研究，从而识别并记录有关安全风险的区域和过程。即从系统的角度出发，将引起安全风险的复杂事物分解成比较简单的、容易被识别的基本单元，从错综复杂的关系中找出因素间的本质联系，在众多的影响因素中抓住主要因素，并且分析它们造成损害或损失的严重程度。安全风险识别过程就是发现判定可能影响导弹装备技术保障安全的危害、风险事件和潜在的后果。安全风险识别的结果回答哪里有风险，存在什么样的风险，以及后果如何。

3.2.1　安全风险识别的基本原则

导弹装备技术保障安全风险识别应当遵循以下原则：

（1）科学性。安全风险识别是调查、识别、分析确定系统存在的安全风险，是预测安全状态和事故发生途径的一种手段。这就要求进行安全风险识别，必须要有科学的理论作指导，真正揭示导弹装备在技术保障过程中的安全风险状况，危险、有害因素存在的活动过程、存在的方式、事故发生的途径及其变化的规律，并以定性、定量的方式准确描述，用严密的理论解释清楚，为安全风险评估提供确切、可靠的风险源。

（2）系统性。安全风险存在于导弹装备技术保障的整个阶段过程和各种状态，因此要对导弹装备技术保障过程中的安全风险进行全面、详细的剖析，研究与导弹装备技术保障相关的各项因素及它们之间的关系，分清主要危险、有害因素及其相关的危险、有害性，并将安全风险进行综合归类，揭示各种安全风险的性质及后果。

（3）全面性。实现安全风险识别的目标，必须全面地了解各种安全风险事件

存在和可能发生的概率以及损失的严重程度,风险因素以及因风险的出现而导致的其他问题。识别安全风险时,要全面完整,不要发生遗漏。要从导弹装备及其保障场所、工作人员、环境因素、运输条件、物资、安全管理系统、设施、制度等各方面进行分析、识别。不仅要分析正常的导弹装备使用与保障、工作中存在的危险、有害因素,还要分析、识别导弹装备储存、运输中的危险。

(4)预测性。对于导弹装备技术保障中安全风险,还要分析其触发事件,亦即安全风险出现的条件或设想的事故模式。

(5)动态性。对于导弹装备技术保障来说,安全风险是随时存在的,因此,安全风险的识别也必须是一个连续的和动态的过程。

3.2.2　安全风险识别的主要内容

导弹装备技术保障安全风险识别的主要任务是明确导弹装备技术保障过程中安全风险的存在性,并找到主要的安全风险因素,为后面的安全风险评估和制定安全风险控制对策和措施奠定基础。

导弹装备技术保障安全风险识别主要包括两方面的内容:一是确定导弹保障任务,并对其安全风险影响因素进行分析;二是结合导弹保障任务实施要素,分析并找出安全风险事件。

导弹装备技术保障安全风险识别可以借助安全风险识别工作表来实现。安全风险识别工作表通常包括识别号、风险事件、事件类别、如何事先发现、备注等栏目,具体见表3-4。

表3-4　安全风险识别工作表

安全风险识别工作表				日期:
识别号	风险事件	事件类别	如何事先发现	备注

3.2.3　安全风险识别的流程

在进行导弹装备技术保障安全风险识别时,要做到每个阶段、每一种安全风险特别是重大安全风险不能被忽视或遗漏。一般来说,导弹装备技术保障安全风险识别过程如图3-1所示。

(1)任务分析。根据已经确定的导弹装备技术保障任务,确定分析对象和范围。一般按照时间顺序,建立一个描述导弹装备技术保障主要阶段、工作过程或主要步骤的列表或图表,将行动分解为小的阶段。

(2)收集资料。信息资料是进行导弹装备技术保障安全风险识别与分析整个

```
┌─────────────────────┐
│      任务分析        │
└─────────────────────┘
          ↓
┌─────────────────────┐
│      收集资料        │
└─────────────────────┘
          ↓
┌─────────────────────┐
│   初步识别风险事件   │
└─────────────────────┘
          ↓
┌─────────────────────┐
│   安全风险因素识别   │
└─────────────────────┘
          ↓
┌─────────────────────┐
│  编制安全风险识别报告 │
└─────────────────────┘
```

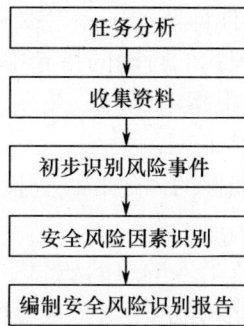

图 3 - 1　导弹装备技术保障安全风险识别过程

风险的基础,因此,完整可靠的信息资料有利于安全风险识别和分析的成功。为了更全面地识别安全风险,首先应有目地收集有关导弹装备技术保障系统本身与环境的资料。

（3）初步识别安全风险事件。通过对相关数据和信息资料的分析,根据导弹装备技术保障任务类型选择适当的分析技术,初步分析安全风险的性质和类别。

（4）安全风险因素识别。在初步安全风险识别的基础上,分析安全风险因素潜在原因、发展过程、影响因素、最终后果等。同时,还需对导弹装备技术保障进行不确定分析,如保障环境的不确定性分析、装备运行的不确定性分析等,从而找出导弹装备技术保障中存在的不确定性因素,并在此基础上找出导弹装备技术保障安全风险因素。

（5）编制安全风险识别报告。安全风险识别报告是安全风险识别的总结。通过安全风险识别报告,指挥员可以对导弹装备技术保障中可能存在的安全风险有一个总体的认识,结合导弹装备技术保障的具体情况,可以找出当前导弹装备技术保障中存在的安全风险。安全风险识别报告通常包括已识别出的安全风险、潜在的导弹装备技术保障安全风险以及导弹装备技术保障安全风险发展变化的可能趋向。

3.2.4　安全风险识别的主要依据

进行安全风险识别,必须具备一定的资源。在导弹装备技术保障活动中,可以用来进行安全风险识别的资源主要有以下几类:

（1）事故报告。这些报告可能来自于部门内部的人员,也可能来自其他单位、海军机关等方面的人员。

（2）单位内部人员。可以证明,有关经验是安全风险识别的最好资源。从安全风险管理工作的人员中找到曾参与过相似任务的人员,向他们了解情况。

（3）外部专家。注意分析本部门外部的专家的意见或建议。可能的帮助资源包含科研院所、工业部门以及其他部队的一些专家。

（4）通用指导。可以在管理我们行动的指导中找到大量的有关指令。可考虑利用规章、使用说明书、清单、简报指南、提纲、装备使用记录文件、标准操作程序、装备情报和方针政策等文件资料。

（5）评价和检查报告。职能性的评价和检查报告是可以提供相关单位过程管理的重要反馈和正式文件。

（6）调查。调查可以单位或个人的方式进行。选定一名听众，问一些关于安全主题的问题：你认为下一个事故会是什么？谁导致的？什么样的任务会导致它发生？什么时候发生？调查可能是一个非常有用的工具，因为它充分利用了在该工作场所中具有该工作的第一手资料的人员的相关经验和信息。

（7）检查。检查包括抽样检查、全部检查、清单检查、现场调查和强制检查。除了标准的第三方检查外，还可利用工作现场的人员提供情况。

3.3　导弹装备技术保障安全风险识别方法

导弹装备技术保障安全风险影响因素较多，发生的场合和时机不确定性强，只有借助科学实用的方法或工具，才能全面有效地识别出导弹装备技术保障活动中的安全风险。

3.3.1　概述

目前，常用的安全风险识别方法大致可以分为四类：

（1）通过专家经验获取安全风险信息的识别方法，包括头脑风暴法、德尔菲法、咨询法等；

（2）参考现有、历史资料获取安全风险信息的识别方法，包括经验法、安全检查表法、历史资料法等；

（3）基于任务过程进行安全风险识别的方法，包括流程图法、工作分解结构法、情景分析法、工作危险分析法等；

（4）其他安全风险识别方法，包括因果分析图法、归纳推理方法、逻辑图表法等。

3.3.2　安全风险识别方法

3.3.2.1　常用的安全风险识别方法

在对安全风险进行识别时，常用以下几种方法：

1. 头脑风暴法

头脑风暴法又称集思广益法，它是通过营造一个无批评的自由的会议环境，使与会者畅所欲言,充分交流、互相启迪、互相补充,产生出大量创造性意见的过程。该方法的特点是以共同目标为中心,参会人员在他人的看法上提出自己的意见。它将参加讨论的每个人的丰富经验、学识和智慧激发出来,形成集体思维创造性的结晶,提高安全风险识别的正确性和效率。

头脑风暴法在安全风险识别中主要被用来对未知风险进行探求性讨论,可以对潜在的安全风险因素进行挖掘性的分析,尤其适用于无先例可参照的安全风险识别。其组织与实施过程为:

（1）人员选择,一般以8~12人为宜;

（2）明确中心议题,确保与会者都正确理解所要探讨的议题;

（3）轮流发言并记录,无条件接纳任何意见,不加以评论;

（4）会后马上检查所有回答并对其进行总结;

（5）对意见进行汇总、分析与评价。

2. 德尔菲法

德尔菲法起源于20世纪40年代末,起初由美国兰德公司首先使用。该方法主要利用相关领域专家的专业理论和丰富的实践经验,找出各种潜在的安全风险并对其后果做出分析和评价。

德尔菲法是一种反馈匿名函询法,其做法是:首先选定与任务或项目有关的专家并与这些适当数量的专家建立直接的函件关系,将系统安全风险辨识获得的信息和归纳的问题提供给专家,通过函询收集专家的意见,然后进行整理、归纳、统计,再匿名反馈给各专家,再次征询意见。这样反复多次,逐渐使各专家意见趋于一致,作为安全风险识别的根据。其过程可简单表示为:匿名征求专家意见——归纳、统计——匿名反馈——归纳、统计……若干轮后停止。

德尔菲法采取不记名方式对专家通过几轮咨询,征求其意见,然后将意见综合整理和归纳,再反馈给专家判断,提出新的论证。德尔菲法的基本过程如图3-2所示。

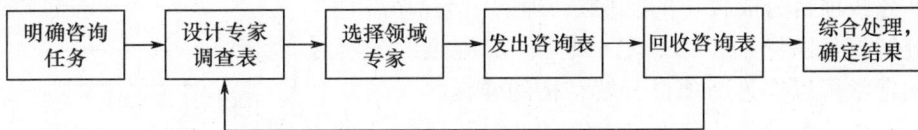

```
┌────────┐   ┌────────┐   ┌────────┐   ┌────────┐   ┌────────┐   ┌──────────┐
│ 明确咨询 │──▶│ 设计专家 │──▶│ 选择领域 │──▶│ 发出咨询表│──▶│ 回收咨询表│──▶│ 综合处理, │
│  任务   │   │ 调查表  │   │  专家   │   │         │   │         │   │ 确定结果 │
└────────┘   └────────┘   └────────┘   └────────┘   └────────┘   └──────────┘
                  ▲                                        │
                  └────────────────────────────────────────┘
```

图3-2 德尔菲法流程图

3. 咨询法

专家或对安全管理有经验的人可以给安全风险识别带来巨大的帮助,避免总是反复地解决同一个问题。在进行咨询前要告知其相关信息并让其清楚明白访问的目的,如果使用一个以上的专家,访谈结果应该告知其他专家以确认其可靠性。

4. 流程图法

流程图法是一种动态的分析方法,它是将事件发生过程,按其内在的逻辑联系制成流程图,针对流程中的关键环节和薄弱环节分析识别安全风险。它以作业流程为主线进行安全风险识别,最大限度地避免了安全风险事件的遗漏,提高了安全风险识别的效率。

流程图法是一种对项目管理过程或某一部分任务的执行过程进行罗列,再结合任务或项目的具体情况,识别本任务或项目存在哪些安全风险的方法。流程图可以帮助安全风险识别人员去分析和了解项目安全风险所处的具体项目环节、项目各个环节之间存在的安全风险以及项目安全风险的起因和影响。通过对工作流程的分析,可以发现和辨识安全风险可能发生在项目实施的哪个环节或哪个地方,以及项目实施过程中各个环节对安全风险影响的大小。

其实施步骤为:

(1)将系统划分为若干子系统绘制出系统框图。

(2)按子系统将作业流程进一步划分;定义作业和作业编号并确定其相互连接关系。作业流程可根据实际情况,按实施过程或操作流程编制。一个子系统可能包含一个或几个工作流程。作业是构成工作流程的最小单位,合理地划分作业,会给安全风险识别带来方便和好处。

(3)绘制作业流程图。作业流程图是用圆形和有向线段表示的子系统内各作业之间关系的图。流程图由若干模块组成,在各模块中标出安全风险因素和安全风险事件。

5. 工作分解结构法

风险识别要减少任务或项目的结构不确定性,有必要弄清楚任务或项目的组成、各组成部分的性质、各组成部分之间的关系以及项目同其环境之间的关系等。项目工作分解结构就是完成这项任务的有力工具。项目工作分解结构就是把主要的任务或项目分成较小的、更易管理的组成部分,直到分解得足够详细,可以识别风险。实施过的分解结构常常可以作为新项目分解结构的样板。

工作分解结构由工作分解结构样板、分解技术与工作分解结构图组成。工作分解结构样板界定并组成了施工项目的全部范围,是由项目各部分构成的、面向成果的树型结构;分解就是将主要的项目分成较小的、更易管理的组成部分;工作分解结构图就是将项目按照其实施过程的顺序或内在结构进行逐层分解而形成的结构示意图,如图3-3所示。

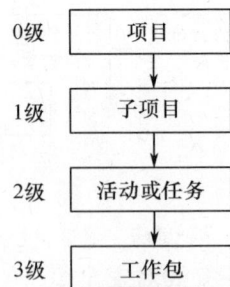

图3-3 工作分解结构法结构示意图

6. 预先危险分析法

预先危险分析法是目前风险管理中普遍使用的一种作业风险分析与控制工具,主要用于在人们还没有掌握系统详细资料的时候,分析、辨识可能出现或已经存在的危险源,并尽可能在付诸实施之前找出预防、改正、补救措施,消除或控制危险源。工作危险分析法一般用于作业活动和工艺流程的危害分析。

7. 安全检查表法

安全检查表法(Safety Checklist Analysis, SCL)是将一系列分析项目列出检查表进行分析以确定系统的状态。它是一种事先了解检查对象,并在剖析、分解的基础上确定检查项目表,是一种最基础的方法。这种方法的优点是简单明了,现场操作人员和管理人员都易于理解与使用。编制安全检查表格的控制指标主要是有关标准、规范、法律条款,控制措施主要根据专家的经验制定。检查结果可以通过"是/否"或"符合/不符合"的形式表现出来。

8. 逻辑图表法

逻辑图表又称逻辑树,在初步安全风险识别过程中提供最大限度的结构化和细节。它的图形化结构是获取和关联由其他初步识别工具所产生的安全风险数据的一种极好方法。由于它采用图形显示,所以它也是一种有效的安全风险识别工具。逻辑图较强的结构化和逻辑特性,增加安全风险识别过程的实质性深度,弥补了其他比较直观性和经验性工具的不足。总之,逻辑图的一个重要目的是建立常常存在于各个安全风险之间的联系。

安全风险识别的方法很多,各种方法在切入点和分析过程上各有其特点,也都有各自的适用条件或局限性。对常用的安全风险识别方法进行比较分析,见表3-5。

表3-5　常用安全风险识别方法的特点与适用条件分析

序号	方法名称	优点	缺点	适用条件
1	头脑风暴法	快速、全面地识别新的、未被发现的风险	过度依赖专家经验	适用于从定性方面对风险进行初步识别
2	德尔菲法			
3	咨询法			
4	流程图法	结构化程度高,简单易用	结果的准确性取决于流程图的准确性,管理成本较高	流程清晰的项目
5	工作分解结构法	系统性强,结构化程度高	分解过于复杂、繁琐,且风险识别容易产生遗漏	能进行详细结构分解的项目
6	预先危险分析法	简单明了,易行实用	受操作人员主观因素影响	早期或初始阶段对系统作初步分析时

序号	方法名称	优点	缺点	适用条件
7	安全检查表法	系统完整、不遗漏关键因素,简明易懂,容易掌握	只能对已经存在的对象进行安全风险识别,难以识别特殊风险;受分析人员的经验限制,工作量较大;只能定性,不能定量	有编制的各类检查表,有赋分、评级标准,主要用于各类系统或项目的设计、运行、验收、管理
8	逻辑图表法	分析深入、详细	需要详细资料,工作量大	任务的逻辑层次相对鲜明时

3.3.2.2 安全风险识别方法的选择

安全风险识别方法多种多样,但应在汲取不同安全风险识别方法优点的基础上,考虑有效性、经济性和操作性,根据自身的目标、确定对象的作业性质、分析问题的类型、安全风险复杂程度、从事安全风险识别人员能力以及所处的环境,选取更有针对性的安全风险识别方法。具体来说,可以从以下几个方面来考虑:

（1）所选择的安全风险识别方法使用方便、简单,不需要特别的专业学习或培训;

（2）应用结果的事实,证明所选择的安全风险识别方法是很有效的;

（3）广泛的应用,表明所选择的安全风险识别方法能够被使用人员所使用,并逐步得到使用人员的积极认可;

（4）作为一个整体,所选择的安全风险识别方法互相补充,将直觉、经验与结构化有机地结合;

（5）所选择的安全风险识别方法能够很好地支持工作表和工作辅助包,并对工作透明;

（6）所选择的安全风险识别方法可以共同支持系统或项目安全风险识别的应用。

在导弹装备技术保障安全风险识别的过程中,使用一种方法不足以全面地识别其所存在的安全风险,有时需要综合地运用两种或两种以上的方法。根据上述对安全风险识别方法的对比分析,结合导弹装备技术保障特点和评估实施条件,在初始或早期阶段需要进行初步的安全风险识别时,可以选用预先危险分析法;在中期或临近任务阶段需要进行系统全面的安全风险识别时,可以选用安全检查表法;在经过大量实践后需要针对某一具体问题进行详细深入的安全风险识别时,可以选用逻辑图表法。

3.3.3 预先危险分析法

预先危险分析（Preliminary Hazard Analysis,PHA）,又称预先危险列表。预先危险分析是在执行任务之前,对存在的各种风险源（类别、分布）出现条件和事故可能造成的后果进行宏观、概略分析的系统安全分析方法。

3.3.3.1　主要特点

预先危险分析可提供存在于任务工作流中的危险的初步概况,可以全方位地考虑任务实施过程中的风险因素,克服了在传统的、直觉的风险管理中的一个很强的倾向,那就是直接地把注意力集中在任务某一环节的某一方面的风险上。

预先危险分析的两个关键性资源,一是实际经历过该任务的人员的专业知识,二是由可得到的条例、标准、技术指令和使用说明所构成的知识体。预先危险分析可通过小组的形式来完成,以扩大经验和专业知识的内容。

预先危险分析法相对来说,易于使用,而且不需要很多时间。它对于安全风险识别的重要意义在于对任务所有阶段的安全风险都要进行考虑,而且关键是将危险分析与工作分析紧密结合起来。

3.3.3.2　使用过程

预先危险分析法通常以工作分析和流程图法为基础。分析者或小组确定待分析的作业活动后,将其划分为一系列的步骤。他们利用经验和直觉,运用各种不同类型的资料,以及向有丰富经验人员征求意见,辨识每一步骤的潜在危害,将已经识别的安全风险通常直接列于任务工作分析的副本上,见表3-6。预先危险分析的输出结果,是标注于任务工作分析表上的一些安全风险,或者是列出任务每一阶段所有安全风险的更加正式和完整的预先危险分析工作表。有效预先危险分析的关键是要确保覆盖任务的所有事件。预先危险分析法能够帮助作业人员正确理解工作任务,有效识别其中的危害与风险以及明确作业过程中的正确方法及相应的安全措施,从而保障工作的安全性和可操作性。

表3-6　从工作分析流程图进行预先危险分析

行　动　阶　段	安　全　风　险
垂直向下,列出任务执行的各工作阶段,尽量满足层次性和逻辑性要求	在这里列出每个工作阶段所标注的安全风险,力争详细具体

预先危险分析程序和内容:

(1)确定所需进行分析的任务,并分析该任务的执行过程,将其分解为一系列的步骤或工作流。

(2)通过经验判断、技术诊断或其他方法调查分析可能的安全风险,对所需分析任务目的、装备、操作过程、工作条件以及周围环境等进行充分详细的了解。

(3)根据过去的经验教训及类似装备发生的事故情况,对系统的影响、损坏程度,类比判断所要分析的系统中可能出现的情况,查找造成系统故障、物质损失和人员伤害的风险,分析事故的可能类型。

(4)对确定的安全风险进行分类,制成预先危险分析表。

3.3.3.3 应用分析

在导弹装备技术保障过程中,经常需要移动一些导弹装备、设备及其附件,例如处于包装箱中的导弹,这时常常需要用到叉车和转载车。下面运用预先危险分析法对移动导弹装备过程中的安全风险进行分析,见表3－7。

表3－7 导弹装备移动预先危险分析列表

任务概况:将移动一件较重导弹装备的工作分析作为起点,并说明了直接由工作分析来构建工作安全风险分析的过程 操作:将一件较重的导弹装备从一个保障场所移动到另一个保障场所 起点:导弹装备在保障场所 A 中的原始位置 终点:导弹装备在保障场所 B 中的新位置	
活动/事件	安 全 风 险
1. 升高导弹装备以允许放置叉车	a. 由于不平衡性导致导弹装备翻倒 b. 由于提升设备失效导致导弹装备翻倒 c. 由于提升设备失效或不合适的布置(人或提升设备)导致导弹装备砸在人或设备上 d. 导弹装备撞在上方障碍物上 e. 导弹装备在提升过程中被损坏
2. 放置叉车	a. 叉车撞上导弹装备 b. 叉车撞在该区域的其他物体上
3. 提升导弹装备	a. 导弹装备撞在上方障碍物上 b. 由于机械故障导致提升失败(对导弹装备、物体或是人造成损害) c. 由于不平衡性导致导弹装备翻倒
4. 将导弹装备移向转载车	a. 由于地面的不平或是天气状况导致不稳定 b. 由于操作人员的失误导致载荷的不稳定 c. 载荷偏移
5. 将导弹装备装上卡车	a. 由于不合适的系紧导致不稳定 b. 转载车超载或载荷分布不合适而产生不稳定
6. 转载车行驶向保障场所 B	a. 移动过程中发生车辆事故 b. 低劣的驾驶技术造成不稳定 c. 道路状况引起的不稳定性
7. 将导弹装备装备从转载车上卸下	将导弹装备从转载车上卸下,其安全风险因素与"将导弹装备装上转载车"相同
8. 将导弹装备放置在保障场所 B 中的合适位置	除了降低导弹装备以外,其安全风险因素与"提升导弹装备"相同

3.3.4　安全检查表法

安全检查表法是最基础、最初步、应用最广泛的一种风险识别方法,是识别潜在风险因素的一种有效手段。

3.3.4.1　基本原理

安全检查表法是将一系列分析项目列出检查表进行分析以确定系统的状态。它是为识别某一系统、装备以及各种操作管理和组织措施中的危险因素,通常事先对检查对象加以剖析、分解、查明问题所在,并根据理论知识、实践经验,有关标准、规范等进行周密细致的思考。确定检查的项目和要点,把系统加以剖析,分成若干个单元或层次,列出各单元或各层次的风险因素,然后确定检查项目,将检查项目或要点按单元或层次的组成顺序编制成表格,以提问或现场观察方式确定各检查项目的状况并填写到表格对应的项目上,通过编制安全检查表,找出系统中的风险因素。

安全检查表是按照系统工程的方法在对一个系统进行科学分析的基础上,找出各种可能存在的风险因素,然后将这些风险因素一一列举出来的一张表格。表中所列内容都是先前类似任务或项目曾发生过的风险,是识别当前任务或项目风险的宝贵资料,再结合当前任务或项目的特点、环境和组织管理现状分析可能出现的风险。安全检查表是一份实施安全检查和诊断的项目明细表,是安全检查结果的备忘录。

安全检查表法的弹性很大,既可用于简单的快速分析,也可用于更深层次的分析,它是最基础、最初步的一种方式,是识别潜在安全风险因素的一个有效手段。

1. 安全检查表的主要内容

安全检查表的内容决定其应用的针对性和效果。安全检查表必须包括系统的全部主要检查部位,不能忽略主要的、潜在的危险因素,从检查部位中引伸和发掘与之有关的其他潜在安全风险因素。每项检查要点,要定义明确,便于操作。安全检查表的格式内容应包括分类、项目、检查要点、检查情况及处理、检查日期及检查者。通常情况下检查项目内容及检查要点要用提问方式列出。检查情况用"是""否"或"√""×"表示。

2. 安全检查表的应用过程

传统的安全检查表分析是分析人员列出一些危险项目,识别与装备使用有关的已知类型的危险、设计缺陷以及事故隐患,其所列项目的差别很大,而且通常用于检查各种规范和标准的执行情况。

安全检查表法的应用过程,主要包括确定分析对象,编制安全检查表,填写安全检查表所查内容及事故隐患内容,分析找出安全风险因素,采取安全措施,落实安全责任,全面整改。具体如图3-4所示。

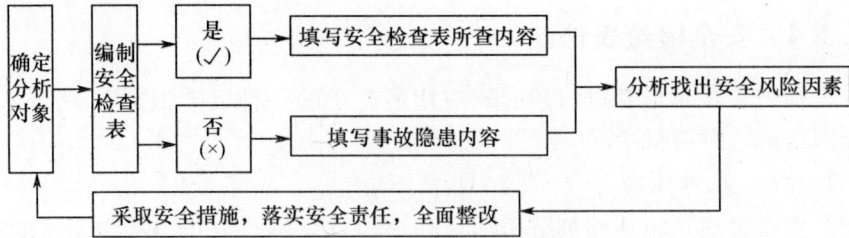

图 3-4 安全检查表法的应用过程

检查表就是将可能对任务或活动产生安全影响的因素列在一个清单中,分析确定危险性、损害性发生的条件及其后果。可以把经历过的类似任务或活动中可能出现的风险因素或者成功的经验与失败的教训进行归纳总结,并与当前任务或活动的环境条件、保障资源、工作过程等作比较,分析可能出现的安全风险。这样,就将更容易想到本任务或活动会有哪些潜在的安全风险。

3. 检查表法的优势与局限

1)优势

(1)简明直观,易于掌握和操作;

(2)能够事先编制,故可有充分的时间组织有经验的人员来编写,做到系统化、完整化,不至漏掉可能导致危险的关键因素;

(3)可以根据规定的标准、规范和法规,检查遵守的情况,提出准确的评价;

(4)表内还可注明对改进措施的要求,隔一段时间后重新检查改进情况;

(5)多采用问答式或现场观察,给人印象深刻,同时起到安全教育的作用。

2)局限

(1)会在一定程度上限制风险识别过程中的想象力;

(2)它们论证了"已知的已知因素",而不是"已知的未知因素"或是"未知的未知因素";

(3)它们往往基于已观察到的情况,因此会错过还没有被观察到的问题。

3.3.4.2 安全检查表的编制

1. 编制原则

安全检查表的编制应当坚持"四性"原则:符合有关法规、标准及其他要求——符合性;针对受检对象的风险性质、特点和规模——针对性;内容全面而重点突出——充分性;简单明了、层次清晰、直观易懂——操作性。

2. 编制依据

编制安全检查表的依据主要有:

(1)安全检查表应以各部门所颁发的有关安全条令条例、规章、制度、规程以及标准、手册等为依据,使检查表的内容在实施中均能做到科学、合理并符合法规

46

的要求。

（2）上级、装备部门和单位主官的要求。

（3）国内外事故统计案例,经验教训,尤其以往相同受检对象发生的事故案例或问题隐患,结合本单位的实际情况有可能导致事故的风险因素。此外,还应参照其他风险识别方法分析的结果,把有关基本事件列入表中。

（4）事故预防的经验。特别是同类装备使用得到的实践经验,引发事故的各种潜在的不安全因素及成功杜绝或减少事故发生的经验。

（5）系统安全分析的结果。即是为防止重大事故的发生而采用安全分析方法,对系统进行分析得出能导致引发事故的各种安全风险因素的基本事件,作为防止事故控制点源安全检查表。

3. 编制步骤

安全检查表的编制一般分为以下几个步骤:

（1）确定编制人员:由熟悉受检对象的机关业务部门人员组成精干小组,并吸收受检单位的干部以及具体操作人员参加。

（2）策划编制方案:包括检查项目、内容、标准和检查情况等。

（3）收集检查资料:收集与受检对象相关的法律法规、标准规程和规章制度及过去的经验教训,熟悉受检对象的布局、特点、流程、功能等。

（4）辨析风险因素:将受检对象划分为若干个子系统,逐个辨析评价潜在的危害风险因素,根据发生事故的概率及危险度次序列入表中。

（5）确定检查内容:主要是制度规定落实情况,人的不安全行为和物的不安全状态,应针对不同对象、不同阶段有所侧重,简明扼要。

（6）编制安全检查表:根据具体情况和要求确定编制方法,编制安全检查表。

（7）不断修改完善:通过反复使用,不断修改、补充完善。

4. 编制说明

安全检查表要力求系统完整,不漏掉任何能引发事故的安全风险关键因素,因此,编制安全检查表应注意如下问题:

（1）编制安全检查表的过程,实质是理论知识、实践经验系统化的过程,一个高水平的"安全检查表"需要专业技术的全面性、多学科的综合性和对实际经验的统一性。为此,应组织技术人员、管理人员、操作人员和安全技术人员深入现场共同编制。

（2）各类安全检查表的项目、内容,应针对不同被检查对象有所侧重,分清各自职责内容,尽量避免重复。各类安全检查表都有适用对象,不宜通用。

（3）安全检查表的每项内容要定义明确,便于操作。尽可能将同类性质的问题列在一起,系统地列出问题或状态;另外应规定安全检查方法,并有合格标准。

（4）安全检查表的项目、内容能随装备的变动、环境的变化和任务实施过程中异常情况的出现而不断修订、变更和完善。

（5）安全检查表内容要重点突出。凡能导致事故的一切不安全因素都应列出，以确保各种不安全因素能及时被发现或消除。

（6）实施安全检查表应依据其适用范围，并经各级相关业务部门审批。

3.3.4.3 应用分析

在导弹装备技术保障过程中，经常需要应用起重设备进行装备吊装作业。因此，吊装是导弹装备技术保障活动中的一项重要工作，其安全性对于顺利完成技术保障任务至关重要。现就对空空导弹装备起重设备进行安全检查，所列安全检查表见表3-8。

表3-8　起重设备机械安全安全检查表

单位：	检查对象：		被检查对象负责人：		检查人：

编号	安全检查项目	检查结果		存在的安全风险	备注
		是	否		
1	钢丝绳的断丝数、腐蚀（磨损）量、变形量、使用长度和固定状态是否符合规定		否	钢丝绳断脱	有轻微腐蚀（磨损）现象
2	滑轮的护罩是否完好？	是			
3	滑轮的转动是否灵活？	是			
4	吊钩等取物装置是否有裂纹、明显变形或磨损超标等缺陷？	是			
5	吊钩紧固装置是否完好？		否	吊钩脱落	有松动现象
6	制动器工作是否正常、可靠？	是			
7	制动器安装与制动力矩是否符合要求？	是			
8	各类行程限位、限量开关与联锁保护装置是否完好可靠？	是			
9	紧停开关、缓冲器和终端止挡器等停车保护装置是否有效？	是			
10	各类防护罩、盖、栏、护板等是否完备可靠，且安装符合要求？	是			
11	安全标志与消防器材配备是否齐全？		否	人员误碰、误动	部分安全标志缺失
12	各类吊索吊具状态是否完好，管理是否有序？	是			

3.3.5 逻辑图表法

逻辑图表又称为逻辑树。逻辑图表法就是通过逻辑图或逻辑树的方式,寻找任务执行过程中的安全风险事件的方法。逻辑图将所有的风险源集中在一起,并通过能表明风险问题的"图形"格式来将它们展现出来。

3.3.5.1 主要类型

逻辑图表主要有三种类型:

(1)积极事件逻辑图。这种类型用于强调在行动中如果安全风险要得到有效控制的话必须准备好的一些因素,它的工作过程是由一个安全的结果出发反推到为产生这种结果必须合适控制的一些因素。

(2)风险事件逻辑图。这一种事件图把重心集中在一个单独的工作事件并且调查该事件可能的结果。它的工作过程是从可能产生风险的事件入手,并且显示该事件可能导致的损失结果。

(3)负面事件逻辑图。这种类型选择一个事故,然后分析可能产生该类事故的各种相关安全风险因素,是从一个实际的或可能的损失为起点然后分析致因。

下面是各种逻辑图的简单例子,图3-5是一般逻辑图,图3-6是积极事件逻辑图,图3-7是风险事件逻辑图,图3-8是负面事件逻辑图。

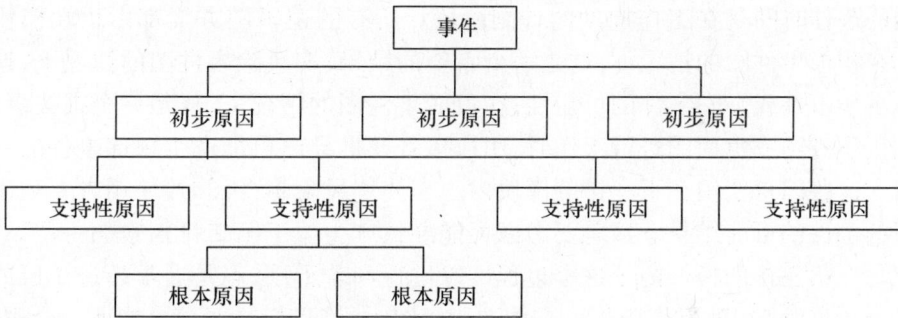

图3-5 一般逻辑图

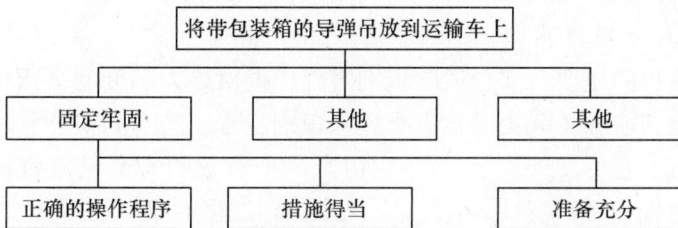

图3-6 积极事件逻辑图

```
                    ┌─────────────────────────────┐
                    │   导弹飞行中舱口盖一颗螺钉脱落   │
                    └──────────────┬──────────────┘
          ┌────────────────────────┼────────────────────────┐
┌──────────────────┐    ┌──────────────────┐    ┌──────────────────┐
│   所固定的舱口盖掉落   │    │    弹内设备损坏    │    │    导弹飞行异常    │
└──────────────────┘    └──────────────────┘    └──────────────────┘
```

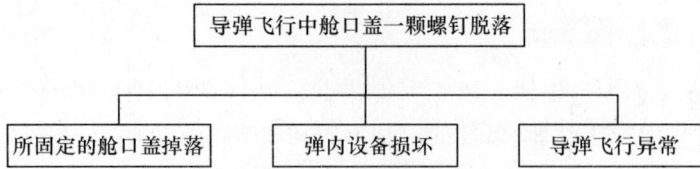

图 3-7　风险事件逻辑图

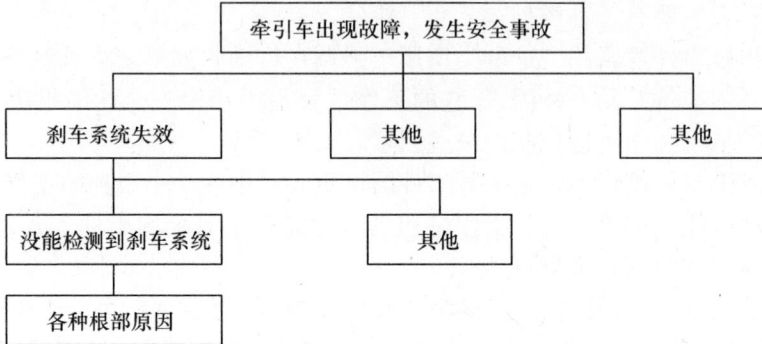

```
                    ┌─────────────────────────────┐
                    │   牵引车出现故障，发生安全事故   │
                    └──────────────┬──────────────┘
          ┌────────────────────────┼────────────────────────┐
┌──────────────────┐    ┌──────────────────┐    ┌──────────────────┐
│    刹车系统失效     │    │       其他        │    │       其他        │
└─────────┬────────┘    └──────────────────┘    └──────────────────┘
     ┌────┴──────────────┐
┌──────────────────┐    ┌──────────────────┐
│   没能检测到刹车系统   │    │       其他        │
└─────────┬────────┘    └──────────────────┘
┌──────────────────┐
│    各种根部原因     │
└──────────────────┘
```

图 3-8　负面事件逻辑图

所有的逻辑图方案都能应用于实际的操作系统中或者计划的行动中。当然，应用的最佳时间是在工作周期的计划阶段。所有的逻辑图方案都由顶端模块开始。在积极事件图的情况下，这是一个希望的结果；在风险事件图的情况下，这是一个工作事件或突发事件的可能性；在负面事件图的情况下，这是一个损失事件。当利用积极图或负面图进行工作时，用户接着要推导出可能产生顶部事件的一些因素。这些因素要填在下一排的模块内。当使用风险事件图时，使用者要列出所分析的事件的可能结果。接着要考虑可能导致产生位于第二排因素的一些条件，并填写在第三排的模块内。这个过程可以进行到若干层，但是通常超过 3 层或者 4 层后效用就变得非常有限了。在构造逻辑图时，其目标是要尽可能地符合逻辑，但是安全风险识别的目标比构造一个杰出的逻辑思考图更重要。因此逻辑图应该是一个标注了许多变化和变异的工作表。

3.3.5.2　使用说明

逻辑图的目的是要在安全风险识别过程中提供最大限度的结构和细节。它的图形化结构是获取和关联由其他安全风险识别技术所产生的安全风险数据的一种极好方法。由于它的图形显示，所以它也是一种有效的安全风险简介工具。逻辑图较强的结构化和逻辑特性，增加安全风险识别过程的实质性深度，弥补了其他比较直观性和经验性工具的不足。总之，逻辑图的一个重要目的是建立常常存在于各安全风险之间的联系。逻辑图的一个关键性资源就是其他所有的安全风险识别技术,逻辑图可以让其他技术识别的安全风险相互关联。利用树状结构,逻辑图完成这项工作是非常有效的。

由于较强的结构性,逻辑图需要花费较多的时间和努力。依据安全风险管理的原则,它的使用要比其他安全风险识别技术受到更多的限制。这意味着它的使用只限于高风险问题。由于它的特性使得它对于比较复杂的行动或工作也非常有效,在这些复杂行动中多个安全风险可能以各种方式相互关联。逻辑图比其他初步识别工具要稍微复杂些,所以它在某种程度上需要更多的实践经验,因此并不是所有的工作人员都愿意使用它。然而,在一个承诺把安全风险管理作为杰出方法的组织环境中,逻辑图将是一个比较受欢迎的工具,并经常作为安全风险识别工具库的补充。

在安全风险识别技术中,逻辑图是可用的最完备的工具。与传统的安全风险识别方法相比,它将实质性地增加了所识别安全风险的数量和质量。由于它的多种变体导致的多功能性,也使它成为工作主管人员的安全风险识别工具箱中不可缺少的武器。

3.3.5.3 应用分析

在导弹装备技术保障过程中,经常需要移动一些导弹装备、设备及其附件,例如处于包装箱中的导弹,这时常常需要用到叉车。下面对移动导弹装备过程进行分析,图3-9说明了构建其负面逻辑图的过程。

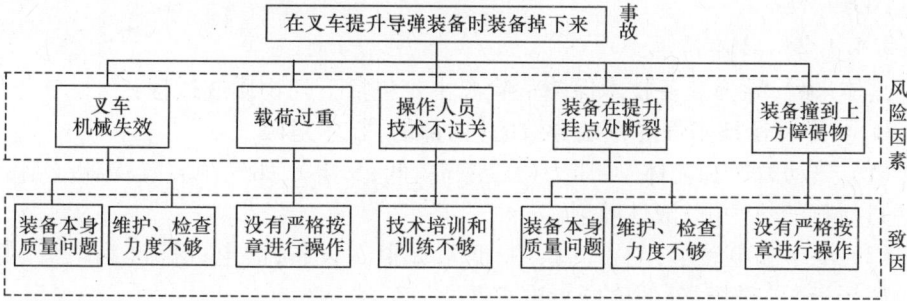

图3-9 导弹装备移动过程中掉落地面事件逻辑图

3.4 导弹装备技术保障典型安全风险识别举例

3.4.1 导弹装备技术保障中的危险源

危险源是导弹装备技术保障活动安全事故的源头,是能量、危险物质集中的核心。危险来源于物(设施)的不安全状态、人的不安全行动、管理缺陷等方面。

3.4.1.1 总体情况

从总体上讲,辨识导弹装备技术保障过程中的危险源,主要从以下三个方面着手:

首先考虑导弹装备技术保障活动存在危险源的作业过程及设施设备,包括保障活动内容、保障设备、管理制度等。

其次分清导致事故的根源,对危险源进行分类。

最后考虑三种状态下的各种潜在的危险,即正常(指正常作业情况)、异常(指装设备发生故障或失效时的情况)以及事故和潜在的紧急情况。

具体来讲,对于导弹装备技术保障过程中的危险源识别,可以从以下几方面考虑:

(1)危险品(如弹药、油液、电源、高压气源等);

(2)装备工作时所处的环境,包括自然的、诱发的(如温湿度、振动、冲击、雷电、电磁辐射等);

(3)装设备故障或非正常工作状态;

(4)保管、技术准备、运输、挂载过程中可能引发或引入的危险;

(5)误操作或违规操作;

(6)危险品储存、搬运、运输,易燃、易爆气体或液体泄出处理等;

(7)与安全有关的装备、安全防护装置以及相关安全保险措施;

(8)其他。

3.4.1.2 具体情况

具体来看,导弹装备技术保障危险源主要包括下列物质或过程:

1. 导弹装备技术保障系统导致的(内部的)技术危险

(1)热动力学和流体学:压力(压差、高、低、真空),如气源装置;温度(高、低、温差);材料的热性能;液体喷射。

(2)电学和电磁学:电压(高、中、低),如电气设备;静电;电流(高电流、低电流);磁场(诱导磁场、外部磁场);电火花。

(3)化学:易爆物、易燃物、腐蚀剂。

(4)机械:压力(高、低、压差、真空);振动;机械能(势能、动能、旋转能);冲击能,如机动车辆;机械特性(尖锐程度、粗糙程度、润滑程度、切割),如压缩机;应力(拉伸、压缩、摩擦);力(线性力、力矩、加速度);脆性(脆性物质、撕裂敏感性)。

(5)噪声。

2. 人员操作危险

(1)心理危险:错误敏感性(决策、判断、信息处理);受限制的理由(情绪、紧张状态、幽闭恐惧感);注意力的分散。

(2)生理危险:生理弱点;生理限制;人员的不适(黑暗、光亮、噪声、不适的姿势)。

3. 环境危险

（1）温湿度；

（2）雨、雪、雾、霜；

（3）雷电；

（4）辐射；

（5）自然灾害。

4. 管理

对人员的安全教育缺失，人员操作技术的培训和具体实践的训练不够科学和严格，人员的专业素质达不到标准的要求，在执行任务和操作装备时，便可能因操作失误发生事故。

结合导弹装备技术保障的内容和过程，对导弹装备技术保障危险源进行总体分析见表3-9。

表3-9 导弹装备技术保障危险源汇总表

保障环节	危险源种类										
	动能	液体喷射	振动	冲击能	重力势能	压力	热能	电能	化学能	辐射能	声能
储存保管					√		√	√	√		
出入库	√		√	√	√			√	√		
启封	√			√	√			√	√		
转运	√			√	√			√	√		
测试							√	√	√	√	
供气	√	√					√				
装配	√			√	√				√		
挂弹	√			√	√				√		√
运输	√		√	√			√		√		

3.4.2 导弹装备技术保障中的危险源分析

导弹装备技术保障危险源辨识的过程，主要包括四个阶段。

1. 危险源的调查

在进行导弹装备技术保障活动危险源调查之前首先确定所要分析的对象，例如是对装设备还是作业过程。调查的主要内容如下：

（1）装设备情况：装备名称、性能、结构，装备本质安全化水平，使用的能量类型及强度等。

（2）作业环境情况：作业系统的结构、布局，作业空间布置，周围装设备放置情况等。

（3）操作情况：操作过程中的危险，作业人员接触危险的频度等。

（4）事故情况：过去事故及危害状况。

（5）安全防护：危险场所有无安全防护措施，有无安全标志等。

2. 危险区域的界定

在导弹装备技术保障活动危险源辨识中，首先应了解危险源所在系统，即危险源所在的区域和场所。在实际工作中，我们往往把产生能量或具有能量的物质、操作人员作业区域、产生聚集、释放能量或危险物质的装备、场所等作为危险源区域。通常将危险源所在作业区域划分为：

（1）有发生爆炸、火灾危险的场所；

（2）有被车辆伤害危险的场所；

（3）有触电危险的场所；

（4）有腐蚀、辐射危险的场所；

（5）有被物体辗、轧、挤、压、挫、夹、撞、击等危险的场所；

（6）其他容易致伤的场所。

3. 存在条件及触发因素的分析

一定数量的危险物质或一定强度的能量，由于存在条件不同，所显现的危险性也不同，被触发转换为事故的可能性大小也不同。因此存在条件及触发因素的分析是危险源辨识的重要坏节。存在条件分析包括：储存条件，如堆放方式、其他物品情况、通风等；物理状态参数，如温度、压力等；装备状况，如装备完好程度、装备缺陷、维修保养情况等；防护条件，如防护措施、故障处理措施、安全标志等；操作条件，如操作技术水平、操作失误率等；管理条件；等等。

触发因素可分为人为因素和自然因素。人为因素包括个人因素（如操作失误、不正确操作、粗心大意、漫不经心、心理因素等）和管理因素（如不正确的管理、不正确的训练、指挥失误、判断决策失误等）。自然因素是指引起危险源转化的各种自然条件及其变化，如气候条件（温度、湿度、风速）变化、雷电、雨雪等。

4. 潜在危险性分析

危险源转化为事故，其表现是能量和危险物质的释放，因此危险源的潜在危险性可用能量的强度和危险物质的量来衡量。危险源的能量强度越大，表明其潜在危险性越大。

3.4.3 导弹装备技术保障安全风险识别

3.4.3.1 危险因素识别

1. 装设备危险因素的识别

（1）装设备本身是否能满足导弹装备技术保障的技术要求；装设备是否由具

有生产资质的厂家研制；特种设备的制造和使用是否具有相应的资质或检验许可。

（2）是否具备相应的安全附件或安全防护装置，如限位器、温度计、压力表等。

（3）是否具备指示性安全技术措施，如超限报警、故障报警、状态异常报警等。

（4）是否具备紧急停车（断电）的装置。

（5）电气设备是否具有国家指定机构的安全认证标志，特别是防爆等级；是否具有触电保护、漏电保护、短路保护、过载保护、绝缘、电气隔离、屏护、电气安全距离等是否可靠；安全电压值和设施是否符合规定；防静电、防雷电等电气联结措施是否可靠等。

（6）车辆的使用场合是否符合规定，其操纵系统、制动系统等重要部件是否经过检查和维护。

（7）起重特种设备是否有良好的质量，是否进行了检查维护，使用方式是否符合规定。

（8）压缩机、贮罐、气瓶、高压气管等特种设备是否有足够的强度、刚度，是否有足够的抗疲劳性，密封是否安全可靠，安全阀、防爆阀、压力传感器等安全保护装置是否配套。

（9）梯子、凳子、活动架等登高装置是否发生损坏，放置是否平衡稳妥，使用方法是否正确，是否有负载攀爬行为，攀登方式是否正确等。

2. 技术保障过程危险因素的识别

（1）压力能量较大的供气过程。

（2）接触易燃易爆物质的装配和维护过程。

（3）含有易燃物料而且在高压下运行的气体压缩过程。

（4）有产生短路、漏电、误点火危险性的导弹测试过程。

（5）受振动、机械冲击、人为因素影响较大的运输过程：①从装卸作业是否具备安全条件的要求去识别；②从运输方式的安全要求是否具备进行识别；③从爆炸品押运作业人员是否具备资格、知识进行识别；④从防静电、防雷击方面去识别；⑤从防交通事故等方面去识别；⑥从防偷盗、防破坏等方面去识别；⑦从捆绑固定方面去识别。

（6）受环境条件影响较大的储存保管过程：①从分类存放的要求方面去识别；②从保管人员是否具备资格、知识进行识别；③从贮存状况、技术条件方面去识别其危险性；④从堆垛的操作去识别其危险性；⑤从防火的要求方面去识别其危险性；⑥从防静电、防雷击、防漏电等方面去其识别危险性；⑦从管理方面识别其危险性。

（7）拆卸、装配、对接等手工操作过程：①从拿取或操纵物体的方式去识别；②从有无超负荷承重方面去识别；③从工作姿势、动作方式等方面去识别；④从工作对象有无相对运动方面去识别；⑤从手工操作的时间及频率方面去识别；⑥从工作的节凑及速度方面去识别。

3. 保障环境条件危险因素的识别

（1）是否有可靠的防静电接地、防雷接地、保护接地和漏电保护装置等措施；

（2）周围是否存在危险性物质，如爆炸物、易燃液体、压力下气体、腐蚀性物质等。

爆炸物是指通过非爆炸自持放热化学反应产生的热、光、声、气体、烟或所有这些物质的组合来产生效应。它具有敏感易爆性、遇热危险性、机械作用危险性、静电火花危险性、火灾危险等危险特性。

易燃液体是指闪点不高于93℃的液体。它具有易挥发性、易燃性、易产生静电性、流动扩散性和毒害性等危险特性。

压力下气体是指高压气体在压力等于或大于200kPa下装入贮器的气体。它具有爆炸危险性、燃烧危险性等危险特性。

腐蚀性物质是指能灼伤人体组织，或通过化学作用显著损坏或毁坏金属的物质。它具有腐蚀性、氧化性、稀释放热性等危险特性。

（3）周围是否存在过大的噪声，包括机发动机噪声、机械噪声、电磁噪声、外部环境噪声等。人长时间处于噪声环境之中，会使大脑皮层的兴奋和抑制失调、条件发射异常、注意力不集中等，会使操作人员的失误率上升。

（4）温度与湿度是否合乎要求。高温高湿环境影响人体系统，使人注意力分散，操作能力下降，有导致工伤事故的风险，还还会加速装备的腐蚀、老化，引发装备故障和事故。

（5）是否存在超标的射频辐射。其危害主要表现为射频致热效应和非致热效应两个方面。

（6）振动幅度是否超出规定范围。振动危害有身体振动，可导致神经功能紊乱、血压升高，也会导致设备、部件的损坏。

4. 管理方面危险的识别

（1）当消除危险有困难时，是否采取了预防性技术措施来预防或消除危险的发生。

（2）当无法消除危险或危险难以预防的情况下，是否采取了减少危险的措施，如是否设置了灭火器材、降温措施等。

（3）当在无法消除、预防、减弱的情况下，是否将人员与危险隔离，如设隔离间、安全防护罩、配备防护用品等。

（4）在易发生危险的地方，是否设置了醒目的安全标识和警示装置，如吊装区域、火工品操纵区域、挂弹区域等。

5. 保障场所

（1）如果是野外临时开设的保障场地，保障场地的地形、周围环境、交通条件等方面是否达到导弹装备技术保障要求；

（2）是否存在高压线路；

（3）是否具备防雷设施；

（4）是否容易发生自然灾害。

3.4.3.2　安全风险事件识别

导弹装备技术保障活动的安全风险事件，总体上主要包括人员伤害、物质损坏、信息泄密三大类，本书重点关注前两类。

1. 人员伤害

根据导弹装备技术保障活动的科目和过程，综合考虑起因、诱原、致害物、伤害方式等，将人员伤害安全风险事件分为：

1）物体打击

物体打击指物体在重力或其他外力的作用下产生运动，打击人体造成人身伤亡事故。例如，搬运导弹舱段或部附件时不注意造成倾倒，高处工具、零部件坠落等。

2）车辆伤害

造成车辆伤害的原因包括道路转角处视野不够开阔、疲劳作业、违章驾驶、车速过快、人员精力不集中等。

（1）翻倒：超速驾驶，突然刹车，碰撞，偏离路面等，都有可能发生翻车。

（2）碰撞：与建筑物、放置物、其他车辆之间的碰撞。

（3）载物掉落：由于固定不牢、车速过快、颠簸过大等原因导致载物从车辆上滑落。

（4）爆炸及燃烧：电线短路、易燃物质违规堆放或电池充电时产生氢气等情况下，可能导致爆炸及燃烧。

（5）碾压：由于突然转向、人员注意力不集中导致车辆压上两侧人员的脚。

（6）人员坠落：由于车速过快、急转弯、扶靠不牢等原因导致人员从行驶的车辆上摔落下来。

3）机械伤害

机械伤害指机械设备运动（静止）部件、工具直接与人体接触引起的夹击、碰撞、剪切、卷入、绞、碾、割等伤害，主要包括机械转动部分的绞入、碾压和拖带伤害，滑入、误入机械容器和运转部分的伤害，机械部件的飞出伤害，以及其他因机械安全保护设施欠缺、失灵和违章操作所引起的伤害。

4）起重伤害

起重伤害指各种起重作业中发生的挤压、坠落、（吊具、吊物）物体打击和触电。例如，钢丝绳出现打结、笼状、锈蚀、磨损、断丝或与物体棱角直接接触、使用时夹角过大、固定不牢等造成机械事故或起重伤害，起重作业信号不当、指挥不当或操作失误等造成机械事故或起重伤害,操作不当与周围障碍物发生碰撞等。

5) 触电

触电是指人体触及带电体时电流对人体造成各种不同程度的伤害分为电击和电伤两类。电击是指电流通过人体时所造成的内部伤害,如心脏、呼吸及神经系统的正常工作受到破坏,甚至危及生命。电伤是指电流化学效应或机械效应对人体造成的伤害。触电主要发生在导弹测试、电气设备维修、停送电操作等过程,造成的原因主要包括作业人员与带电设备安全距离不够、带电设备或带电体裸露、误操作电气设备、使用小型机工具无触电保护器、使用不合格的电动工具等。

6) 火灾

引起火灾的原因包括储存和作业区域内违反消防规定,如抽烟以及防火措施不当等。

7) 高处坠落

高处坠落指在高处作业中发生坠落造成的伤亡事故。造成的原因主要是作业无防护、防护措施不当、没有警示或监护等。

8) 弹药爆炸

弹药爆炸是指导弹及其火工品、特种弹药等在装配、运输、储存等过程中发生的爆炸事故。

9) 容器爆炸

容器爆炸是指承压元件出现裂缝、开裂或破碎现象,常见的破裂形式有韧性破裂、脆性破裂、疲劳破裂、腐蚀破裂和蠕变破裂等。压缩机、贮罐、气瓶等高压气源设备发生的爆炸事故。

10) 其他伤害

如辐射。

2. 物质损坏

1) 初始事件(激发因素)

立即生效事件主要有:

(1) 冲击或碰撞;

(2) 雷击;

(3) 产生电火花;

(4) 断裂;

(5) 短路;

(6) 设备失效;

(7) 爆炸。

非立即生效事件有:

(1) 腐蚀;

（2）意外振动；

（3）过热；

（4）泄漏；

（5）不适当的释放；

（6）防护缺陷。

3. 信息泄密

导弹信息具有容量大、密级高、载体多、分布广、环节多等特点，人员稍有疏忽，就有可能导致信息泄密事件的发生。

导弹装备技术保障活动过程，所涉及的安全风险多种多样，以上案例仅供参考，工作过程中还需要结合实际情况进行具体分析。

小　结

本章首先介绍了导弹装备技术保障安全风险识别的原则、内容、流程等基本知识，然后重点介绍了导弹装备技术保障安全风险识别的方法，并对预先危险分析法、安全检查表法和逻辑图表法的应用进行了详细说明。

思考题和习题

1. 简述导弹装备技术保障安全风险识别的基本原则。
2. 简述导弹装备技术保障安全风险识别的主要内容。
3. 分析导弹装备技术保障安全风险识别的流程。
4. 导弹装备技术保障安全风险识别通常采用哪些方法？各有什么优缺点？
5. 分析安全检查表法的应用过程。
6. 简述安全检查表的编制步骤。

第4章 导弹装备技术保障安全风险分析

安全风险识别仅解决了有哪些安全风险事件的问题,若要了解安全风险的准确情况和确切的根源,尚需对其进行进一步的分析。安全风险分析是安全风险识别和决策之间联系的纽带,是安全风险管理的关键。

4.1 导弹装备技术保障安全风险分析的内涵

列出安全风险清单后,分析产生安全风险的原因及其影响的后果,对判定的安全风险的严重性做一个初始的评估,对于那些可能带来较为严重危害或其后果的危害进行安全风险分析。安全风险分析是系统运用可获得资料确定危害估计安全风险的过程。安全风险分析要考虑安全风险源、导致安全风险的原因、安全风险后果及其发生的可能性,识别影响后果和可能性的因素。安全风险分析是安全风险评估的主要工作。

导弹装备技术保障安全风险分析是在确定导弹装备技术保障过程中安全风险的存在及其客观分布情况的基础上,分析影响安全风险程度的各种因素。通过主次排列的方法找出高风险区和关键性的安全风险因素,分析事故发生和事故后果之间的关系,并把这些安全风险因素按照影响程度进行排序,以便于采取安全风险控制措施,达到减少安全风险存在和发生的目的。它是一个对识别出的安全风险范围或过程进行考察以进一步细化安全风险描述,从而找出安全风险产生的原因,确定其与其他安全风险关系的过程。

4.2 导弹装备技术保障安全风险分析的内容与流程

4.2.1 导弹装备技术保障安全风险分析的主要内容

导弹装备技术保障安全风险分析的主要内容,了解导弹装备技术保障任务,分析保障任务特点,明确任务实施过程中的重要阶段和关键环节。在确定导弹装备技术保障安全风险的存在及其客观分布情况的基础上,分析安全风险事件发生的可能性以及风险事件发生的后果与影响范围,以进一步细化风险描述和确定风险影响,再以风险程度的高低,排列安全风险事件的优先控制次序,以便制定应对措施。

4.2.2　导弹装备技术保障安全风险分析的流程

导弹装备技术保障安全风险分析,主要包括以下三个步骤:

首先,必须收集与所要分析的安全风险事件相关的数据和资料。这些数据和资料可从过去类似任务或项目的经验总结或历史记录中获得;也可以从任务和项目实施过程中获得。所收集的数据和资料要求是客观、真实、可统计的。由于导弹装备技术保障任务具有突发性强、时间短、条件有限等特点,在某些情况下,有价值的可供使用的历史数据资料不一定完备。此时,可采用专家调查等方法获得具有经验性和专业知识的主观评价资料。

其次,建立安全风险分析模型。以取得的有关安全风险事件的数据资料为基础,对安全风险事件发生的可能性和可能的结果进行描述或量化。通常用概率表示风险事件发生的可能性,可能的结果则用人员伤亡、装备损坏或影响任务完成的程度来表示。

最后,进行安全风险因素排序。在不同安全风险事件的不确定性已经模型化后,紧接着就要分析这些安全风险的全面影响。通过分析把风险事件的发生概率、后果的严酷度以及与其他风险区或技术过程的相互关系结合起来,并按照影响程度把这些风险因素进行排序。

导弹装备技术保障安全风险分析的全过程如图 4-1 所示。

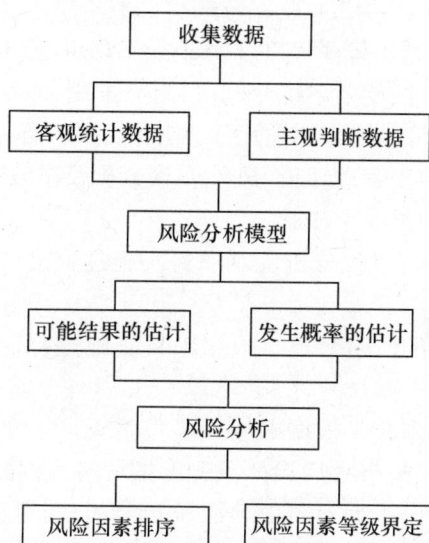

图 4-1　导弹装备技术保障安全风险分析流程图

4.3 导弹装备技术保障安全风险分析方法

4.3.1 概述

安全风险分析方法总体上可以分为两类：

（1）定性分析方法。安全风险分析方法有许多，常见的主要有专家调查法、事故树分析（FTA）法、事件树分析（ETA）法等。

（2）定量分析方法。主要有两种发展趋势：一种是以可靠性、安全性为基础的评价法；另一种是指数法或评点法。前者常用的方法有事故树分析法、事件树分析法、模糊数学综合评价法、层次分析法。后者常用的方法有美国道化学公司的火灾、爆炸危险指数评价法等。

4.3.2 安全风险分析方法

4.3.2.1 常用的安全风险分析方法

在对安全风险进行分析时，常用以下几种方法：

1. 专家调查法

专家调查法是比较常用的方法，属于定性方法的范畴。其整体思路是：设计风险调查表，利用专家经验对所有风险因素的重要性进行评估，再综合成系统整体风险。

2. 层次分析法

层次分析法是由美国运筹学家 T. L. Saty 于 20 世纪 70 年代提出的一种系统分析方法，其基本原理是把复杂系统分解成目标、准则、方案等层次，在该基础上进行定性和定量分析的决策。该方法适用于多准则、多目标或无结构特征的复杂问题的决策分析，广泛应用于管理评价、风险要素分析及事故致因分析等方面。应用层次分析法建模，可有如下 6 个步骤：

（1）系统运行（操作）过程分析。对项目实施过程进行分析，为后续风险源分析提供基础。

（2）以过程为基础的风险分类。根据项目实施过程，分析其中存在的主要风险类别和风险因素。

（3）风险程度等级划分。根据事故风险危害程度和事故风险发生的可能性，参考历史事故数据，对风险事故后果严重程度按危害性划分等级。

（4）风险因素分析。根据对历史事故统计分析，对可能引起事故的风险因素进行分析。

（5）风险程度分析。根据专家问卷调查及现场咨询，对风险因素、事故类型、事故的危害程度和发生的可能性进行分析。

（6）主要风险确定。根据风险危害程度及可能性，计算得到系统或项目安全的主要风险源。

3. 事件树分析法

事件树分析法（Event Tree Analysis，ETA），与 FTA 恰好相反，它是从原因到结果的归纳分析法。即从一个初因事件开始，按照事故发展过程中事件出现与不出现，交替考虑成功与失败两种可能性，然后再把这两种可能性又分别作为新的初因事件进行分析，直到分析最后结果为止。其特点是能够看到事故发生的动态发展过程。在进行定量分析时，各事件都要按条件概率来考虑，即后一事件是在前一事件出现的情况下出现的条件概率。

其实质是一种时序逻辑的事故分析方法。它以初始事件为起点，按照事故的发展顺序，分成阶段，采用追踪方法，一步一步地进行分析，对构成系统各事件的状态逐项进行的二者择一的逻辑，即失败或成功。把每一个结果都看作新的起始事件，不断推论下去，逐步向着结果的方向发展，直到达到系统故障或事故为止，从而找出事件发展的所有可能结果。这种由起始事件和中间事件所构成的树形结构就称为事件树。

4. 概率风险评估法

概率风险评估（Probabilistic Risk Assessment，PRA）法，是最典型、应用最广的定量风险评价方法，又称概率安全评价法。PRA 通过系统分析，以科学的方法考证系统风险后果的严重度并对其不确定性进行量化，支持安全风险的管理决策。PRA 是一个综合的过程，是各种安全性分析方法的集成运用，它的主要工作包括风险模型建立和风险模型的定量化。风险模型包括描述危险事件发生可能性的模型和描述危险事件造成损失的模型，通常采用事件树与故障树相结合的方法建模。风险模型定量化主要是计算基本事件、危险事件发生概率的点估计和区间估计以及不确定性，在概率的意义上区分各种不同因素对风险影响的重要程度。

PRA 法的基本特点是基于事故场景进行风险研究。所谓的基于事故场景是指，在用 PRA 法进行风险评价时，首先要鉴别出系统所有可能的事故场景及其发生的后果和可能性。事故场景也就是发生事故的事件链，包括初始事件、一系列的中间事件（环节事件）和后果事件。事故场景开发的不完整或不准确，就无法准确地进行风险评价，从而不能有效地辅助管理决策。事故场景的识别在很大程度上依赖于分析人员的经验和知识水平、使用方法的熟练程度及对系统的熟悉程度，同时又要综合运用多种分析方法来进行事故场景的开发。PRA 风险模型的建立主要采用事件树和故障树模式的方法进行描述。

PRA 法先建造导致不希望后果的事件链（称为事件树）或事故树，用来分析事故原因，再通过估计事件发生概率或事故率以及损失值，来定量表示危险性大小。

该方法的优点是能够明确地描述系统的危险状态及潜在事故发生的可能性和发展的过程,计算出各种危险因素导致事故的发生概率;缺点是涉及大量的数据和复杂的计算,过程繁琐。

PRA法是定性与定量分析相结合的风险分析方法。其风险分析流程如图4-2所示。

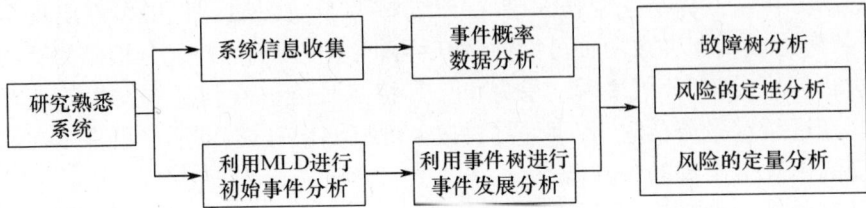

图4-2 PRA风险分析流程

在研究熟悉系统的基础上,运用主逻辑图(Main Logic Diagram,MLD)分析导致系统失败的初始事件;其次利用事件树分析法对初始事件进行分析得到事故序列组;同时搜集系统信息以便进行事件概率数据的分析;最后利用故障树分析方法对系统中的风险进行PRA系统的定量计算与定性评价。

5. 鱼骨图分析法

鱼骨图分析法是由日本东京大学的ISHIKAWA教授设计出的一种找出问题所有原因的方法,是通过整理问题与原因的层次来表明风险的关系,并不是以数值来表示和处理问题,能很好地描述定性问题。这种方法被广泛用于工业技术、管理领域的风险分析。鱼骨图分析法模型如图4-3所示。

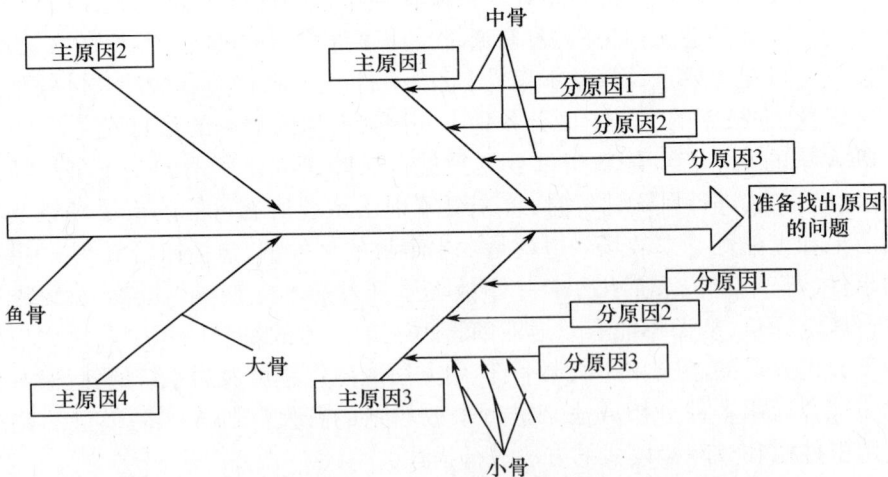

图4-3 鱼骨图分析法模型图

6. 风险矩阵分析法

风险矩阵包括风险矩阵的选择、严重程度的评价、概率的评价和风险等级的得出四个步骤。风险评估矩阵是判定风险的可接受性和做出接受性决策的基础。风险等级＝发生的概率×事件的严重度。应用风险矩阵时,对频率和后果严重性的分等和定义应根据分析的问题和可用数据的情况决定。通过综合危险发生的可能性和严重性,建立风险评估矩阵。表4-1给出了一种风险矩阵的定义形式。

表4-1 风险矩阵

风险等级 后果 \ 发生概率	低	中	高
轻微伤害	极低风险	低风险	中等风险
中等伤害	低风险	中等风险	高风险
严重伤害	中等风险	高风险	极高风险

风险评估矩阵法首先通过风险管理人员的分析研究,将事故发生的可能性和后果的严重性划分不同的等级。然后,以所划分的事故发生的可能性和后果严重性的等级为横纵坐标,建立此事故的风险评估矩阵,从而反映出此事故不同发生概率和不同的后果严重性下的风险等级。

风险矩阵分析法具有的优势:在具体实践中,评估某一事件的风险,只需通过查阅资料、调查研究、专家经验等手段判断出其在所处条件下可能发生的概率和发生的后果的严重性的等级,便可以评估出其风险等级。

风险矩阵分析法存在的主要缺点:此方法只能粗略的定性的评估出风险的水平,缺乏准确性,在风险发生的可能性和后果的严重性等级的划分上,也缺乏科学性,仅是决策人员或者相关专家根据经验和相关调查的主观估计,缺乏客观性,可能会存在一定的偏差。

7. 事故树分析法

事故树分析(Fault Tree Analysis,FTA)法,又称为故障树分析法或失效树分析法,是一种图形演绎的逻辑推理方法。它是分析大型复杂系统安全性与可靠性常用的方法。它是从要分析的特定事故(顶上事件)层层分析其发生原因,直到找出事故的基本原因,即事故树的底事件(又称为基本事件)为止。这些底事件的数据是已知的,或者已经有过统计或实验的结果。

8. 故障类型及影响分析法

故障类型及影响分析(FMEA)法由可靠性工程发展而来,它主要对于一个系统内部每个元件及每一种可能的故障模式或不正常运行模式进行详细的分析,并推断它对于整个系统的影响、可能产生的后果以及如何才能避免或减少损失。这种分析方法的特点是从元件的故障开始逐次分析其原因、影响及应采取的对策措施。FMEA 法常用于分析一些复杂的设备、设施。

定性的安全风险分析方法要求使用者具备相关的知识和经验,可能会使得相关分析显得浅显;定量的安全风险分析方法则要求大量的相关数据,如果有关数据不完善,也会使得其不足以得到有效应用和检验。安全风险分析的方法很多,各种方法从切入点和分析过程上各有其特点,也都有各自的适用条件或局限性。对常用安全风险分析方法进行比较,见表 4 - 2。

表 4 - 2　常用安全风险分析方法的特点与适用条件分析

序号	方法名称	优点	缺点	适用条件
1	专家调查法	简便易行	易受主观因素影响	适用于从定性方面对风险进行概略分析
2	层次分析法	方法简单、灵活,能考虑和衡量指标的相对重要性,可进行定性定量分析	易受一些主观因素影响;当遇到较为复杂的系统时,不能清晰的进行层次划分	适用于存在不确定性和主观信息的情况,也能以合乎逻辑的方式运用经验、洞察力和直觉
3	事件树分析法	直观、形象,表达方式容易让人理解;可找出一种失效所引起的总后果或各种不同后果;归纳过程简便易行;可作定性分析也可作定量分析	易受主观因素影响,量化结果精度有限,不适合全面、详细的分析	适用于某一关键的具体问题,各类具备清晰的工序流程的项目;要求使用人员熟悉系统、元素间的因果关系、有各事件发生概率数据
4	概率风险评估法	能够描述系统的危险状态及潜在事故发生的可能性和发展的过程,分析详细、较为精确	结构化特点不强,定量分析效果不佳,涉及大量的数据和复杂的计算,过程繁琐	用于初步的风险分析
5	鱼骨图分析法	比较灵活,可以包括一切可能性,易于文件化,可以清楚地表明因果关系	主观性太强,且容易复杂化	用于初步的风险分析
6	风险矩阵分析法	能够考虑多因素	易受主观因素影响	用于定性半定量的风险分析
7	事故树分析法	直观、形象,表达方式容易让人理解;可进行定性定量分析	复杂事件的分析和计算困难,工作量大,会导致精度下降	已发生的和可能发生的事故、事件;熟练掌握方法和事故、基本事件间的联系,能有效地识别导致事故的因素关系与人为失误的组合,常用于复杂工程的风险分析

序号	方法名称	优点	缺点	适用条件
8	故障类型与影响分析法	原理简单,分析详尽,易于理解	易受主观因素影响,工作量较大,一般不能考虑各种故障的综合效应,只能作定性分析	在具备系统或装备的工作原理和性能知识后,具备根据要求编制的表格

4.3.2.2 安全风险分析方法的选择

每种安全风险分析方法的特点决定了各种方法的应用范围。在进行安全风险分析时,应结合分析对象具体的情况、分析的问题类型及目的,结合安全风险分析方法的特点,采用某种有效的风险分析方法,或采用定性的、半定量的、定量的或以上方法的组合。从导弹装备技术保障安全风险分析来讲,选择安全风险分析方法应该考虑以下几个方面:

（1）充分考虑导弹装备技术保障中被分析对象的特点。一般而言,对危险性较大的对象可采用系统的定性、定量安全风险分析方法,工作量较大,如事故树分析法。反之,可采用经验的定性安全风险分析方法进行分析,如直观经验法等。系统若同时存在几类危险、有害因素,往往需要用多种方法综合分析。对于规模大、复杂、危险性高的对象可先用简单的分析方法进行筛选,然后再对重点部位采用系统的定性或定量方法进行分析。

（2）考虑安全风险分析的具体目标和要求的最终结果。在安全风险分析中,由于目标不同,要求的最终结果是不同的,所选择的安全风险分析方法应该能够提供所需的结果,如事故概率、发生原因等。在满足安全风险分析目的、能够提供所需的安全风险分析结果的前提下,应该选择计算过程最简单、所需基础数据最少和最容易获取的安全风险分析方法,使安全风险分析工作量和要获得的风险分析结果都是合理的,不要使安全风险分析出现无用的工作和不必要的麻烦。

（3）考虑安全风险分析资料的占有情况。如果被分析对象技术资料、数据齐全,可选择合适的定性、定量安全风险分析方法进行定性、定量分析。反之,如果缺乏足够的数据资料,则只能选择较简单的、需要数据较少的安全风险分析方法。另外,安全风险分析人员的知识、经验、习惯,对安全风险分析方法的选择是十分重要的。尽量选择一些操作性强、易于理解和判断、便于不同领域的人员共同讨论的安全风险分析方法。

在导弹装备技术保障安全风险分析的过程中,使用一种方法不足以全面地分析其所存在的安全风险,有时需要综合地运用两种或两种以上的方法。根据上述对安全风险分析方法的对比分析,结合导弹装备技术保障特点和评估实施条件,对识别出来的安全风险进行初步分析时,可采用风险矩阵分析法;对于确定的最终事件,分析其可能的影响因素及其之间的关系,即分析事故的原因时,可采用事故树

（FTA）分析法；对整个系统、分系统或某个方面进行全面、详细分析时，可以采用故障类型及影响分析（FMEA）方法。

4.3.3　风险评估矩阵法

4.3.3.1　概述

导弹装备技术保障安全风险分析，主要是了解导弹装备技术保障任务，分析保障任务特点，明确任务实施过程中的重要阶段和关键环节。在确定导弹装备技术保障安全风险的存在及其客观分布情况的基础上，分析安全风险事件发生的可能性以及风险事件发生的后果与影响范围，以进一步细化风险描述和确定风险影响，再以风险程度的高低，排列安全风险事件的优先控制次序，以便制定应对措施。

采用风险评估矩阵法进行风险等级或风险值分析时，首先要分别对风险事件发生的可能性和损失程度进行估计，这部分工作通常由熟悉该系统的专家们来完成，可借助德尔菲法对导弹装备技术保障安全风险因素进行系统分析，再结合风险评估矩阵理论给出最终的分析结论。

4.3.3.2　基本理论

1. 基本原理

风险评价矩阵方法是使用一个矩阵来描述风险的严重度和概率，即以严重度为矩阵的"行"，以概率为矩阵的"列"，矩阵的每一个方格代表可能的全部风险。

严重度可分为 5 级，也可分为 4 级或 3 级，严重度的损坏等级由实施单位根据实际情况划分级次。发生概率表示事件发生的可能性，通常定性表示，具体也是根据实际情况来确定。例如，表 4－3 是一个"3×3"的风险评估矩阵，将估计的风险（R_1、R_2、$R_3\cdots$）写入矩阵的适当方格内。

表 4－3　风险评估矩阵示例

概率 ＼ 严重度	可忽略	中等	严重
高	R_1		
中	R_2	R_3、R_4	
低			R_5

2. 风险准则的确定

风险的损失程度和发生概率评价出来后，还需对风险做出一个最终的评估结论，即指出哪些风险是可以接受，哪些不可接受，这时就需要制定风险决策准则。在矩阵中风险决策准则的确定，通常采用以下几种方式：

（1）运用了规定的适当的标准；

（2）运用历史数据；

68

（3）运用成功的经验；

（4）运用科技资料。

目前国际上通用的安全风险水平的定级方法是根据 $R = P \times C$ 模型建立风险矩阵（见美国的 MILSTD – 882D 标准），常用风险水平评定矩阵见表 4 – 4。

表 4 – 4　常用风险水平评定矩阵

损失程度　　发生概率	(1)极轻微	(2)轻微	(3)一般	(4)严重	(5)极严重
（A）罕见的	1A	2A	3A	4A	5A
（B）偶尔的	1B	2B	3B	4B	5B
（C）可能的	1C	2C	3C	4C	5C
（D）常见的	1D	2D	3D	4D	5D
（E）频繁的	1E	2E	3E	4E	5E
风险决策准则	导弹装备技术保障安全风险指标				
低风险	1A,2A,3A,4A,1B,2B,1C,1D,1E				
一般风险	3B,4B,2C,3C,2D				
高风险	4C, 3D,4D,2E,3E				
非常高	5A,5B,5C,5D,5E,4E				

3. 风险评价的过程

它主要分以下几个步骤进行：

（1）对风险事件发生的概率进行级别划分。它是指按风险事件发生可能性的大小，将风险事件发生的概率分为若干个级别。

（2）对风险事件的后果进行级别划分。它是指按风险事件后果的严重程度（如对人身安全的影响程度、对装备的影响程度等），将风险事件的后果分为若干个级别。

（3）将风险事件发生的概率和风险事件的后果等级制成风险矩阵。分别将风险事件发生的概率和风险事件的后果分成 m 和 n 级，建立一个 n 行 m 列的风险矩阵。其中风险矩阵的每一行与某一级别风险事件的后果相对应。每一列与某一级别风险事件发生的概率相对应。然后，对识别出来的安全风险进行定性的分析。

4.3.3.3　使用过程

应用德尔菲法和风险评估矩阵法进行安全风险分析时，先通过德尔菲法给出各个安全风险的损失程度和发生概率，再通过风险评估矩阵法将安全风险的损失程度和发生概率进行综合，给出最终的安全风险分析结论，如图 4 – 4 所示。

4.3.3.4　应用分析

随着部队实战化训练的推进，实弹演练或演习的任务越来越多，跨区运输已经

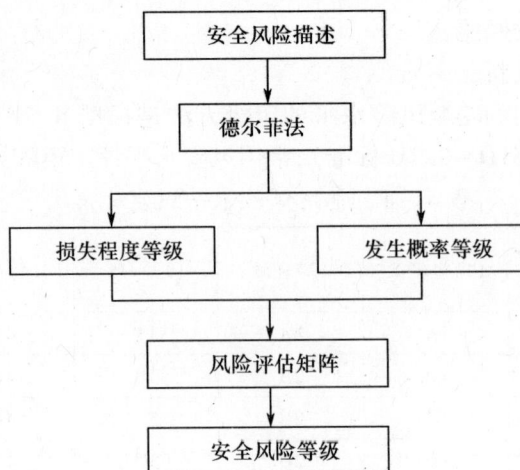

图4-4 实施过程流程图

成为导弹实弹演练的一项重要内容。经调查,导弹装备跨区运输安全风险主要有驾驶员违规驾驶、车辆或设备故障、天气恶劣、蓄意破坏四个方面。在考虑到采用德尔菲法进行调查的过程中,每一轮的调查耗时过长,这里简化了德尔菲法调查过程,主要通过对调查表的内容上的修改,以通过选择题的形式采用比例大小权衡的方法使得专家调查结果尽早趋于统一。

本次调查针对30名导弹装备使用部队、研制部门、装备机关三方面的人员展开。

1. 安全风险发生的可能性

在安全风险发生的可能性调查问卷中,将可能性分为5个等分,分别为频繁的(E)、常见的(D)、可能的(C)、偶尔的(B)以及罕见的(A)。调查表统计结果简化形式见表4-5。

表4-5 跨区转场运输安全风险发生的可能性问卷调查统计

发生概率	(A)罕见的	(B)偶尔的	(C)可能的	(D)常见的	(E)频繁的	问卷数量
驾驶员违规驾驶		2	18	6	4	30
固定松动		6	15	4	5	30
天气恶劣	3	9	13	5		30
蓄意破坏	12	10	8			30

依照全部问卷结果采用比例大小权衡,可得安全风险发生的概率,见表4-6。

表4-6 跨区转场运输安全风险发生的概率

发生概率	驾驶员违规驾驶	固定松动	天气恶劣	蓄意破坏
概率大小指标	可能的	可能的	可能的	罕见的

70

2. 安全风险发生的危害性

在安全风险的危害性调查问卷中,将危害性分为 5 个等分,分别为极严重(E)、严重(D)、一般(C)、轻微(B)以及极轻微(A)。调查表统计结果简化形式见表 4-7。

表 4-7 跨区转场运输安全风险发生的危害性问卷调查统计

发生概率	(A)极轻微	(B)轻微	(C)一般	(D)严重	(E)极严重	问卷数量
驾驶员违规驾驶		1	6	18	5	30
固定松动	2	6	14	7	1	30
天气恶劣		6	13	10	1	30
蓄意破坏	12	10	2	8	20	30

依照全部问卷结果采用比例大小权衡,可得安全风险发生的概率,见表 4-8。

表 4-8 跨区转场运输安全风险发生的危害

发生概率	驾驶员违规驾驶	固定松动	天气恶劣	蓄意破坏
危害程度指标	严重	一般	一般	极严重

3. 风险等级的评定

根据表 4-6 和表 4-8 内容,结合表 4-4 标准,对导弹装备跨区转场运输安全风险进行风险等级评定,详情见表 4-9。

表 4-9 跨区转场运输安全风险等级评定

安全风险事件	驾驶员违规驾驶	固定松动	天气恶劣	蓄意破坏
安全风险指标	4C	3C	3C	5A
风险决策准则	高风险	一般风险	一般风险	非常高风险

由表 4-9 可知,对于导弹装备跨区转场运输保障,蓄意破坏属于非常高风险,必须要高度重视;驾驶员违规驾驶属于高风险,一定要特别注意;固定松动和天气恶劣属于一般风险,要尽量避免。

4.3.4 事故树方法

事故树分析方法起源于故障树分析,是安全系统工程的重要分析方法之一,它能对各种系统的危险性进行辨识和评价,不仅能分析出事故的直接原因,而且能深入地揭示出事故的潜在原因。用它描述事故的因果关系直观、明了,思路清晰,逻辑性强,既可定性分析,又可定量分析。

4.3.4.1 基本原理

1. 简介

1961 年美国 Watsan 在研究民兵式导弹发射控制系统的安全性评价时提出事故树分析方法,对以后的安全评价发展推动很大。事故树分析主要用于分析事故的原因和评价事故风险,我国在 20 世纪 80 年代初引入。事故树分析目前已成为定性和定量预测与预防事故的主要方法。事故树分析法具有以下四个特点:

(1) 它是一种用图形演绎事故事件在一定条件下的逻辑方法。通过层层分析顶上事件,找出基本条件与顶上事件的逻辑关系;

(2) 灵活性强,对导致系统事故的原因诸如人、机、环境等影响进行分析;

(3) 深入认识系统过程,发现和解决问题;

(4) 事故树可以定性、定量分析系统安全性。

2. 相关概念和术语

事故树就是从结果到原因描绘事故发生的有向逻辑树。该事故树遵循逻辑分析原则(即从结果分析原因的原则),相关事件(节点)之间用逻辑门连接。

利用事故树对事故进行分析的方法称为事故树分析,被用于分析的事故树也叫事故树图。

事故树的基本要素:

(1) 顶事件:是指系统不希望发生的事件,也是要研究的事件。

(2) 中间事件:又称故障事件,位于顶事件和底事件之间。

(3) 底事件:位于树的底部,可分为基本事件(符号为圆形)和菱形事件(符号为菱形)。

(4) 逻辑门:

与门——全部输入事件同时发生时,才能使输出事件发生,也称为事件交。通常用符号⌂表示。

或门——当输入事件中至少有一个发生时,输出事件发生,也称为事件并。通常用符号⌂表示。

(5) 割集:故障树中一些底事件的集合,当这些底事件同时发生时,顶事件必然发生。若某割集中所含的底事件任意去掉一个就不再成为割集,则这个割集就是最小割集。在这些割集中,凡不包括其他割集的称为最小割集。

(6) 径集:如果事故树中某些基本事件不发生,则顶上事件不发生,这些基本事件的集合称为径集。径集是表示系统不发生故障而正常运行的模式。凡是不能导致顶上事件发生的最低限度的基本事件的集合称为最小径集。最小径集表明系统的安全性。求出最小径集可以了解要使顶上事件不发生有几种可能方案。

3. 事故树分析法的基本原理

事故树分析是从结果到原因,找出与事故有关的各种因素之间因果关系、逻辑关系的演绎推理法,目的是分析系统中事故产生的原因和系统潜在危险。它应用数理逻辑方法,从一个可能的事故开始,一层一层逐步寻找引起事故发生的触发事件、直接原因和间接原因,分析种种事故原因之间的相互逻辑关系用事故树的树形图表示,并通过对事故树的定性与定量分析,找出事故发生的主要原因,为确定安全对策提供可靠依据,以达到分析与预防事故发生的目的。

4. 事故树分析法的定性分析

运用事故树分析法进行定性分析时,先通过求取最小割集或最小径集,然后再求取基本事件结构重要度。

1）最小割集的求法

通常用布尔代数化简法求取最小割集。首先列出事故树的布尔代数表达式,即从事故树的第一层输入事件开始,"或门"的输入事件用逻辑加表示,"与门"的输入事件用逻辑积表示。再用第二层输入事件代替第一层,第三层输入事件代替第二层,直到事故树全体基本事件都带完为止。布尔表达式整理后得到若干个交集的并集,每一个交集就是一个割集。然后再利用布尔代数运算定律化简,就可以求出最小割集。

2）最小径集的求法

求最小径集是利用它与最小割集的对偶性,首先作出与事故树对偶的成功树。求成功树的最小割集,就是原事故树的最小径集。

3）基本事件结构重要度

结构重要度是指事件在系统中所处位置的重要程度,它与事件本身的事故概率无关,仅与该事件在系统中所处的位置有关。

$$I_{\varphi(i)} = \frac{1}{k} \sum_{j=1}^{m} \frac{1}{R_j} \qquad (4-1)$$

式中:k 为事故树包含的最小割集数目;m 为包含第 i 个基本事件的最小割集数目;R_j 为包含第 i 个基本事件的第 j 个最小割集中基本事件的数目。

基本事件的结构重要度系数通常使用式(4-2)进行计算:

$$I_{\phi(i)} = 1 - \prod_{x_i \in K_j} \left(1 - \frac{1}{2^{N_j-1}}\right) \qquad (4-2)$$

式中:$I_{\phi(i)}$ 为第 i 个基本事件的结构重要度系数;K_j 为第 j 个最小割集;$N_j(j \in K_j)$ 为基本事件 i 所在的最小割集 K_j 中基本事件的个数;$x_i \in K_j$ 为第 i 个基本事件属于第 j 个最小割集。

4.3.4.2 使用过程

事故树分析的具体内容及其分析流程,如图 4-5 所示。

（1）确定所分析的系统,即确定系统所包括的内容及其边界范围。

（2）熟悉所分析的系统,即熟悉系统的整个情况,包括系统的功能、结构、原理,以及系统运行情况、操作情况及各种重要参数等,收集有关系统的技术资料,必要时要画出工序流程图及布置图。

（3）调查系统过去发生的、现在已发生的事故,分析未来可能发生的事故,同

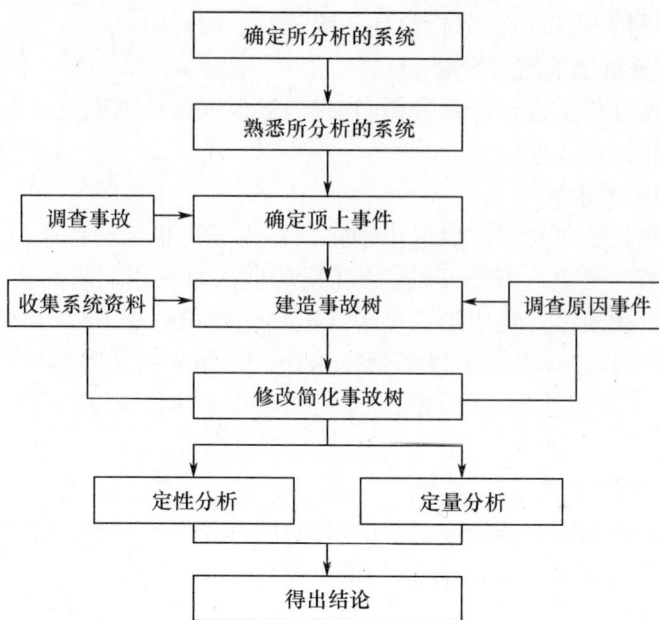

图 4-5　事故树分析流程

时调查本单位及外单位同类系统曾发生的所有事故。

（4）确定事故树的顶上事件是指确定所要分析的对象事件。将易于发生且后果严重的事故或者选择与分析目的最相关的事件作为顶上事件。

（5）调查与顶上事件有关的所有原因事件。

（6）建造事故树。按建树原则，从顶上事件起一层一层往下分析各自的直接原因事件，根据彼此间的逻辑关系，用逻辑门连接上下层事件，直到所要求的分析深度，形成一棵倒置的逻辑树形图，即事故树图。

（7）修改简化事故树。当事故树建成后，还必须从事故树的最下一级开始，逐级写出上级事件与下级事件的逻辑关系式，直到顶事件为止。并结合逻辑运算法做进一步分析运算，删除多余的事件。

（8）事故树定性分析。定性分析是事故树分析的核心内容之一。其目的是分析该类事故的发生规律及特点，通过求取最小割集（或最小径集），找出控制事故的可行方案，并从事故树结构上分析各基本事件的重要程度，以便按轻重缓急分别采取对策。

（9）定量分析。定量分析包括：①确定各基本事件的发生概率或失误率；②求取顶上事件发生的概率，将计算结果与通过统计分析得出的事故发生概率进行比较。

（10）得出结论。根据上述事故定性分析和定量分析结果，评价目标系统该类事故的危险性，并从定性和定量分析结果中找出能够降低顶上事件发生概率的最佳方案,达到降低或消除事故,保证系统安全。

4.3.4.3 改进之处

运用层次分析法对事故树重要度的计算方式进行改进,其基本步骤如下:

(1) 绘制事故树图。

(2) 求出最小割(径)集。

(3) 根据最小割(径)集,将事故树演化为层次分析模型。

(4) 求比较矩阵。把基本事件进行两两比较重要性,即比较各基本事件在所在最小割(径)集内的相对重要性。采用三标度法,可得如下比较矩阵 D。

$$D = \begin{bmatrix} D_{11} & D_{12} & \cdots & D_{1m} \\ D_{21} & D_{22} & \cdots & D_{2m} \\ \vdots & \vdots & & \vdots \\ D_{n1} & D_{n2} & \cdots & D_{nm} \end{bmatrix} \quad (4-3)$$

三标度法构造比较矩阵方法如下:由专家综合考虑各事件的位置重要程度、事件发生概率等因素给出在每一层次上各元素之间重要性程度的比较矩阵 $D = (D_{ij})_{n \times m}$。其中,$D_{ij}$ 表示第 i 基本事件与第 j 件基本事件相比时的重要度:①当基本事件 i 比基本事件 j 重要时,D_{ij} 取 2;②当基本事件 i 与基本事件 j 一样重要时,D_{ij} 取 1;③当基本事件 i 没有基本事件 j 重要时,D_{ij} 取 0。

(5) 计算重要性排序指数。

根据公式

$$\gamma = \sum_{i=1}^{n} D_{ij}, \quad i = 1,2,\cdots,n; j = 1,2,\cdots,m \quad (4-4)$$

求判断矩阵 K_{ij} 的元素 k_{ij} 对割(径)集构造判断矩阵,且有

$$k_{ij} = \begin{cases} \dfrac{\gamma_i - \gamma_j}{\gamma_{max} - \gamma_{min}}(k_m - 1) & ,\gamma_i \geqslant \gamma_j \\ 1 & ,\gamma_i = \gamma_j \\ \left[\dfrac{\gamma_i - \gamma_j}{\gamma_{max} - \gamma_{min}}(k_m - 1) + 1 \right]^{-1} & ,\gamma_i < \gamma_j \end{cases} \quad (4-5)$$

式中:$k_m = \gamma_{max} / \gamma_{min}$,$\gamma_{max} = \max\{\gamma\}$,$\gamma_{min} = \min\{\gamma\}$。

(6) 求基本事件在最小割(径)集的层次重要度。

求判断矩阵 K_{ij} 的传递阵 B_{ij},对判断矩阵 K_{ij} 的元素 k_{ij} 取以 10 为底的对数:

$$B_{ij} = \lg k_{ij}, \quad i,j = 1,2,\cdots,n \quad (4-6)$$

然后求 B_{ij} 的最优传递阵 C_{ij} 的元素:

$$C_{ij} = \frac{1}{n} \sum_{k=1}^{n} [b_{ik} - b_{jk}] \quad (4-7)$$

再求判断矩阵 $\boldsymbol{K}_{ij}$ 的拟优一致阵 $\boldsymbol{K}'_{ij}$ 的元素 k'_{ij}：

$$k'_{ij} = 10^{c_{ij}} \tag{4-8}$$

最后求 $\boldsymbol{K}'_{ij}$ 的特征向量（方根法）：

① 计算 $\boldsymbol{K}'_{ij}$ 每一行元素的乘积 M_i：

$$M_i = \prod_{j=1}^{n} k'_{ij}, \quad i,j = 1,2,\cdots,n \tag{4-9}$$

② 计算 M_i 的 n 次方根 $\overline{W}_i$：

$$\overline{W}_i = \sqrt[n]{M_i} \tag{4-10}$$

③ 对向量 $\overline{\boldsymbol{W}} = \lceil \overline{W}_1, \overline{W}_2, \cdots, \overline{W}_n \rceil^{\mathrm{T}}$ 做归一化或正规化处理：

$$\boldsymbol{W}_{px_i} = \lceil \overline{W}_i \rceil \Big/ \left(\sum_{i=1}^{n} \overline{W}_i \right) \tag{4-11}$$

$\boldsymbol{W}_{px_i} = \lceil W_{px_1}, W_{px_2}, \cdots, W_{px_n} \rceil^{\mathrm{T}}$ 即为所求特征向量，亦即基本事件相对所属最小割（径）集中的层次重要度。

（7）求最小割（径）集相对于顶上事件 T 的层次重要度，方法和步骤同前。

（8）求基本事件相对于顶上事件 T 的层级重要度：

$$\boldsymbol{W}_{Tx_i} = \sum_{j=1}^{p} \boldsymbol{W}_{px_i} \cdot \boldsymbol{W}_{Tp_j} \tag{4-12}$$

式中：$\boldsymbol{W}_{Tp_j}$ 为最小割（径）集相对顶上事件的层级重要度；$\boldsymbol{W}_{px_i}$ 为基本事件相对所属最小割（径）集的层次重要度，若基本事件不属于某个最小径集时，则取 $\boldsymbol{W}_{px_i} = 0$；$i$ 为最小割（径）集序数；f 为最小割（径）集个数；p 为事故树的层级数目。

（9）得到各基本事件的层次重要度顺序。

4.3.4.4 应用分析

装备吊装是导弹技术准备及技术勤务中的一项重要工作。由于导弹装备吊装需要用到机械、液压、吊具等设备，而且又涉及空中作业，尤其是室外或野外作业时，需要用到机动起重设备，如吊车。所以导弹装备吊装是一项危险性较大的活动。

根据调查分析军内外起重作业过程中的起重伤害事故，可将其归纳为以下几种伤害方式：①高空坠物伤害，是指起重作业过程中，吊物或起重机上的机件、巴杆、吊钩、工属具等物件从高处坠落导致的伤害；②吊机倾覆伤害，是指吊机在起重作业过程中失稳倾翻导致的伤害；③物体撞压、打击伤害，是指在起重作业时被摆荡的吊物、吊钩、工属具等撞压或弹飞的钢丝绳等物体打击导致的伤害；④吊物倒塌伤害，是指起吊或放下吊物时倒塌导致的伤害。根据以上各种原因，绘制导弹装备吊装的事故树，如图 4-6 所示。

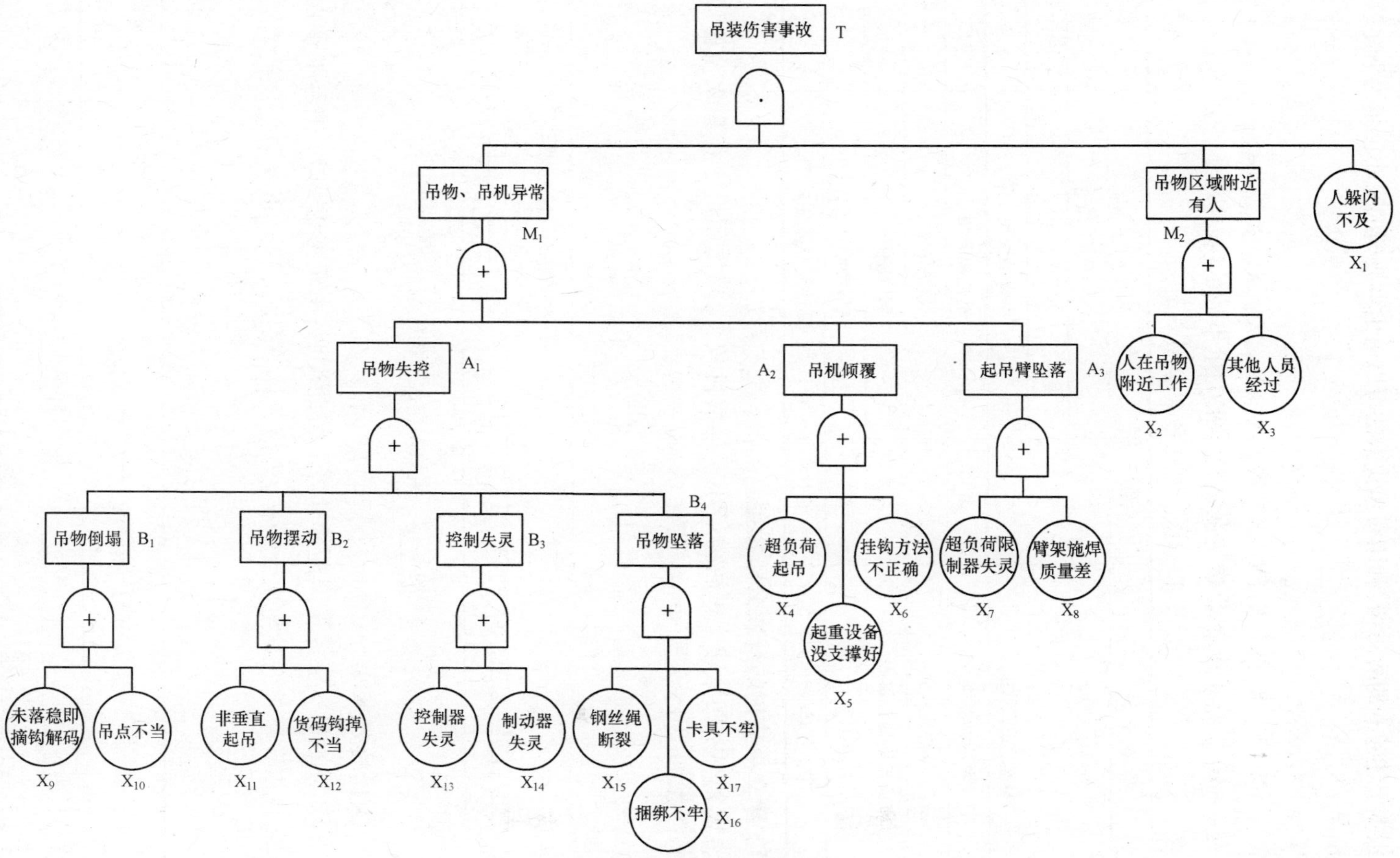

图4-6 导弹装备吊装作业事故树

根据上述建立的故障树,利用布尔代数法可以求出事故树的最小径集为下述三个:

$K_1 = \{X_1\}$;

$K_2 = \{X_2, X_3\}$;

$K_3 = \{X_4, X_5, X_6, X_7, X_8, X_9, X_{10}, X_{11}, X_{12}, X_{13}, X_{14}, X_{15}, X_{16}, X_{17}\}$。

表4-10是某军工企业货物吊装数年来发生事故的统计。

表4-10 货物吊装事故统计表

基 本 事 件	次数	基 本 事 件	次数
超负荷起吊	5	货码勾掉不当	3
起重设备没支撑好	1	控制器失灵	1
挂钩方法不对	5	制动器失灵	1
超负荷限制器失灵	3	钢丝绳断裂	7
臂架施焊质量差	3	捆绑不牢	5
未落稳即摘钩解码	4	卡具不牢	4
吊点不当	3	人在吊物附近工作	5
非垂直起吊	6	其他人员经过	2

1. 建立事故树的层次分析模型

考虑到本案例所建立事故树最小径集数目较少,故使用最小径集来演化成层次分析模型如图4-7所示。

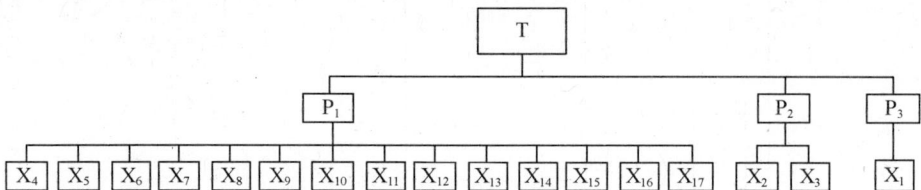

图4-7 事故树层次分析模型

2. 求比较矩阵

以 P_1 层的基本事件为例进行计算。特此说明:由于考虑到 P_1 中基本事件数目过多,且多数事件的发生次数一样,为简化计算过程,相同事件取一项代表。结果见表4-11。

表4-11 比较矩阵的结果

P_1	X_4	X_5	X_7	X_9	X_{11}	X_{15}
X_4	1	2	2	2	0	0
X_5	0	1	0	0	0	0
X_7	0	2	1	0	0	0

（续）

P₁	X₄	X₅	X₇	X₉	X₁₁	X₁₅
X₉	0	2	2	1	0	0
X₁₁	2	2	2	2	1	0
X₁₅	2	2	2	2	2	1

3. 计算重要性排序指数

根据式(4-4)、式(4-5)，计算得表4-12。

表4-12　判断矩阵结果

P₁	X₄	X₅	X₇	X₉	X₁₁	X₁₅
X₄	1	7	14/3	8/3	3/7	1/3
X₅	1/7	1	3/10	3/16	3/25	1/9
X₇	3/14	10/3	1	1/3	1/6	3/20
X₉	3/8	16/3	3	1	1/4	3/14
X₁₁	7/3	25/3	6	4	1	3/5
X₁₅	3	9	20/3	14/3	5/3	1

4. 求基本事件在最小径集的层次重要度

根据式(4-6)，计算传递矩阵，得表4-13。

表4-13　传递矩阵结果

P₁	X₄	X₅	X₇	X₉	X₁₁	X₁₅
X₄	0	0.845	0.069	0.426	0.368	0.477
X₅	−0.845	0	−0.523	−0.727	−0.921	−0.954
X₇	−0.669	−0.523	0	−0.477	−0.778	−0.824
X₉	−0.426	0.727	0.477	0	−0.602	−0.669
X_{f1}	0.368	0.921	0.778	0.602	0	−0.222
X₁₅	0.477	0.954	0.824	0.669	0.222	0

根据式(4-7)，计算最优传递矩阵，得表4-14。

表4-14　最优传递矩阵结果

P₁	X₄	X₅	X₇	X₉	X₁₁	X₁₅
X₄	0	0.940	0.587	0.258	−0.187	−0.281
X₅	−0.940	0	−0.354	−0.678	−1.137	−1.222
X₇	−0.587	0.354	0	−0.324	−0.783	−0.837
X₉	−0.258	0.678	0.324	0	−0.459	−0.544
X₁₁	0.187	1.137	0.783	0.459	0	0.033
X₁₅	0.281	1.222	0.837	0.544	−0.033	0

根据式(4-8),计算拟优一致矩阵,得表4-15。

表4-15 拟优一致矩阵结果

P_1	X_4	X_5	X_7	X_9	X_{11}	X_{15}
X_4	1	8.710	3.864	1.811	0.650	0.524
X_5	0.115	1	0.443	0.210	0.073	0.060
X_7	0.259	2.260	1	0.474	0.165	0.146
X_9	0.552	4.764	2.109	1	0.348	0.286
X_{11}	1.538	13.709	6.067	2.877	1	1.079
X_{15}	1.910	16.672	6.871	3.499	0.927	1

根据式(4-9)、式(4-10)和式(4-11),计算拟优一致矩阵的特征向量:

$$W_{P_1 x_i} = [0.112, 0.013, 0.112, 0.029, 0.029, 0.061, 0.029, 0.179, 0.029,$$
$$0.013, 0.013, 0.206, 0.112, 0.061]^T$$

5. 求最小径集相对于顶上事件 T 的层次重要度

采用相同方法求得 T_{P_j},拟优一致阵特征向量即最小径集相对顶上事件 T 的层次重要度为:$W_{T_{P_j}} = [0.258, 0.637, 0.105]^T$。

6. 求基本事件相对于顶上事件 T 的层级重要度

据式(4-12)求取,得表4-16。

表4-16 各初始原因层次总排序计算结果

T	P_1	P_2	P_3	$W_{T x_i}$
	0.105	0.258	0.637	
X_1	0	0	1	0.637
X_2	0	0.750	0	0.194
X_3	0	0.250	0	0.065
X_4	0.112	0	0	0.012
X_5	0.013	0	0	0.001
X_6	0.112	0	0	0.012
X_7	0.029	0	0	0.003
X_8	0.029	0	0	0.003
X_9	0.061	0	0	0.006
X_{10}	0.029	0	0	0.003
X_{11}	0.179	0	0	0.019
X_{12}	0.029	0	0	0.003
X_{13}	0.013	0	0	0.001

T	P_1	P_2	P_3	W_{Tx_i}
	0.105	0.258	0.637	
X_{14}	0.013	0	0	0.001
X_{15}	0.206	0	0	0.022
X_{16}	0.112	0	0	0.012
X_{17}	0.061	0	0	0.006

由表 4-16 可知各基本事件的层次重要度顺序：

$$W_{Tx_1} > W_{Tx_2} > W_{Tx_3} > W_{Tx_5} > W_{Tx_{11}} > W_{Tx_4} = W_{Tx_6} = W_{Tx_{16}} > W_{Tx_9} = W_{Tx_{17}} > W_{Tx_7} = W_{Tx_8}$$
$$= W_{Tx_{10}} = W_{Tx_{12}} > W_{Tx_5} = W_{Tx_{13}} = W_{Tx_{14}}$$

利用通常的结构重要度计算公式(4-2)求得结果为

$$I_{\phi(1)} > I_{\phi(2)} = I_{\phi(3)} > I_{\phi(4)} = I_{\phi(5)} = I_{\phi(6)} = I_{\phi(7)} = I_{\phi(8)} = I_{\phi(9)} = I_{\phi(10)} = I_{\phi(11)} =$$
$$I_{\phi(12)} = I_{\phi(13)} = I_{\phi(14)} = I_{\phi(15)} = I_{\phi(16)} = I_{\phi(X_{17})}$$

两者比较，层次重要度的排序结果更符合实际情况。运用层次分析法改进的事故树分析法，避免了结构重要度分析掩盖基本事件发生概率对顶上事件的发生有很大影响的缺点，又克服了概率重要度，临界重要度分析受限于基本事件发生概率获取困难这一不利因素。因此，层次重要度法排列基本事件重要顺序较其他重要度分析方法更为可行、有效。

4.3.5 基于失效模式与影响分析和灰色关联理论的安全风险分析方法

虽然失效模式与影响分析(Failure Modes and Effects Analysis，FMEA)的应用场景与导弹装备技术保障安全风险分析有很多相似之处，但传统的 FMEA 是作为一项工程技术分析工具而不是管理工具被使用。直接将 FMEA 应用于导弹装备技术保障安全风险分析之中还存在许多问题，主要表现在如下几个方面。

（1）将 FMEA 方法中的术语直接照搬用于导弹装备技术保障安全风险分析之中，由于使用场景的差异，术语的含义很难被理解，很难直接使用，需要重新界定。

（2）传统的 FMEA 方法中的严重度、频度、探测度是通过大量的历史数据或者可重复的实例分析获取的。而当 FMEA 应用于导弹装备技术保障的特定场景时，在数据获取上，由于导弹装备技术保障的条件限制，无法获取大量具体的统计数据，只能依赖于专家的知识和经验。专家的知识和经验通常是以主观或定性的语言来表述的，而传统的 FMEA 又很难对这些语言变量作出准确判断，因而限制了FMEA 在导弹装备技术保障安全风险分析上的使用。

（3）传统的 FMEA 中风险顺序数（Risk Priority Number,RPN）是严重度 S（Severity）、频度 O（Occurrence）、探测度 D（Detection）三个变量的乘积，在计算 RPN 时认为三个变量的重要性是等同的。但实际上当 RPN 值相同而 S、O、D 不同时，无法客观决定风险因素排列的前后顺序。

4.3.5.1 失效模式与影响分析法

FMEA 是一种系统化的可靠性分析方法。通过对系统的功能或硬件的分析找出所有潜在的故障、原因以及其对系统的影响，发现系统设计中潜在的薄弱环节以便针对性地采取有效的预防、改进或补偿措施，以提高产品的可靠性。分析的结果可为设计综合评定、维修性、安全性等工作提供信息，还可为操作和维修人员诊断故障提供依据。

FMEA 也是一种预防性的风险分析技术，目的是事前预防，而非事后纠正。它的核心是对失效从严重度 S、频度 O 和探测度 D 三个维度评估风险，通过量化指标确定风险的失效模式及关键失效起因，并制定预防措施加以控制，从而将风险减少到可接受的水平。FMEA 方法具有科学、简洁、可操作性强等特点。

FMEA 是一种定性分析方法，在系统设计过程中，通过对系统各组成单元潜在的各种失效模式及其对系统功能的影响，与产生后果的严重程度进行分析，提出可能采取的预防改进措施。它是一种至下而上的逻辑分析方法，从系统或设备的最低级组成（部件）开始，根据每个部件的失效模式分析跟踪到系统级，以决定每个失效模式的风险等级。其目的就是通过分析，了解影响系统功能的关键性零部件的失效情况，以便采取措施改进设计。

FMEA 的具体分析流程为：分析系统、部件功能；确定潜在的失效模式；确定每一失效模式的影响并给出失效严重度（S）描述 S_S；确定每一失效模式的原因并给出失效发生频度（O）的描述 S_O；根据当前采用的过程控制给出探测度（D）的描述 S_D；由 S_S、S_O 和 S_D 的定量值相乘得到该失效模式的风险优先级指数（RPN）。具体过程如图 4-8 所示。

4.3.5.2 灰色关联理论

灰色系统理论由我国学者邓聚龙教授于 1982 年开创。灰色系统中，诸如运行机制、结构和行为的信息既不是确定性的，也不是完全未知的，而是部分已知的。灰色关联分析（Gray Relation Analysis,GRA）是灰色系统理论的一个重要分支，是利用灰关联度来描述因素间关联程度或相似程度的方法。灰色关联度的大小可反映出被评价方案与最优方案之间的接近程度，因此可借助灰色关联度大小对各种被评价方案进行比较排序。与传统评价方法相比，灰色关联分析对样本数量的多少以及分布规律没有要求，而且计算工作量很小，因此，在数据资料较少的情况下更具实用性。

设参考序列为 $X_0 = [x_0(t), t = 1, 2, \cdots, n]$，比较序列为 $X_i = [x_i(t), t = 1,$

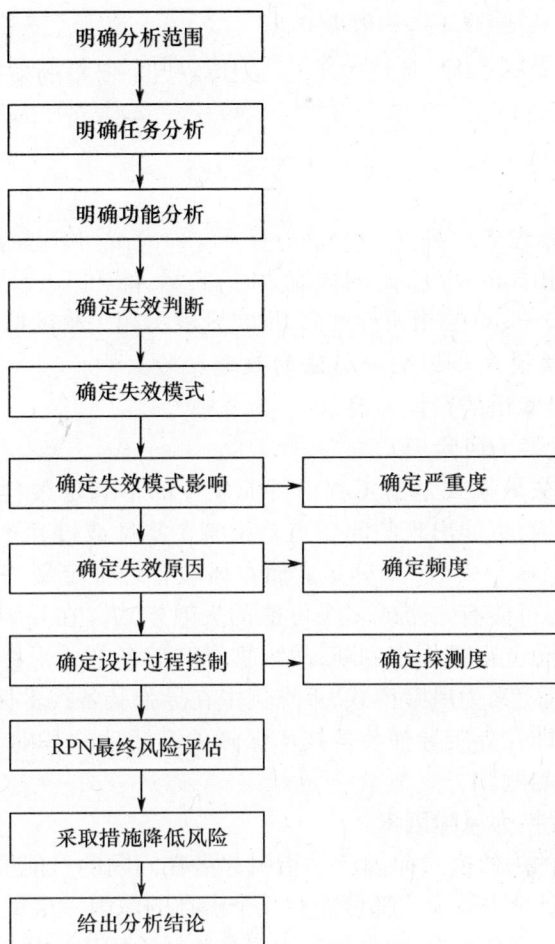

图 4-8 FMEA 的分析过程

$2, \cdots, n]$。并且记它们在 t 时刻的绝对差值为

$$\Delta_{0i}(t) = |x_0(t) - x_i(t)|, \quad t = 1, 2, \cdots, n \qquad (4-13)$$

二级最大差值为

$$\Delta_{\max} = \max_i \max_t |x_0(t) - x_i(t)| \qquad (4-14)$$

二级最小差值为

$$\Delta_{\min} = \min_i \min_t |x_0(t) - x_i(t)| \qquad (4-15)$$

那么关联度系数则为

$$\xi_{0i}(t) = \frac{\Delta_{\min} + \zeta \Delta_{\max}}{\Delta_{oi} t + \zeta \Delta_{\max}} \qquad (4-16)$$

式中:ζ 为分辨系数,$\zeta \in (0,1)$,一般取 0.5。

根据灰色关联系数 $\xi_{0i}(t)$ 在每一个 t 点的值,即取 $t = 1,2,\cdots,n$,可得灰色关联度算式:

$$\gamma_{0i} = \frac{1}{n}\sum_{t=1}^{n}\xi_{0i}(t) \tag{4-17}$$

式中:关联度 γ_{0i} 表示参考序列 $X_0 = [x_0(t),t=1,2,\cdots,n]$ 和比较序列 $X_i = [x_i(t),t=1,2,\cdots,n]$ 之间相关的程度,γ_{0i} 的数值大时,表示 $X_0 = [x_0(t),t=1,2,\cdots,n]$ 与 $X_i = [x_i(t),t=1,2,\cdots,n]$ 的相关程度高,反之则表示相关程度低。

4.3.5.3 失效模式与影响分析法的改进之处

1. FMEA 关键术语的置换与确认

1）失效模式置换为风险模式

传统 FMEA 中失效模式是指工程中可能发生的不满足过程要求和设计意图的问题点。通俗地说,可能出现的问题点是指某个零件或过程不符合要求。它可以通过询问"过程怎么会失效"来确定。而在风险管理中定义"失效模式"是相当复杂的,每个过程都可能有一个或多个可能的失效模式。在导弹装备技术保障中用失效一词则在概念上很难作出判断,故根据导弹装备技术保障的特点和风险管理的要求,本书将其定义为风险模式,重点集中在导弹装备技术保障系统的功能失效和使用失效上。即在界定导弹装备技术保障关键活动的基础上,找出每一个关键活动可能出现的问题。

2）失效起因置换为风险因素

传统 FMEA 中的失效模式起因就是指引起潜在问题的可能原因。它描述了失效是怎么发生的。每个失效模式都可能有几个潜在的原因。这里,根据导弹装备技术保障风险分析的特点和要求,将失效起因置换为风险因素。风险因素指导致技术保障中关键活动风险的原因。这种置换完全继承了传统 FMEA 方法中失效模式与失效起因之间的固有关系,即活动的风险模式可能是由多种风险因素引起的。

3）严重度 S、频度 O、探测度 D 置换为影响度 E、频度 O、不可预知度 P

传统 FMEA 中严重度 S 是潜在失效模式对"顾客"影响效果严重程度的评价指标。"顾客"的定义一般是指"最终使用者",也可以是后续或下一个工序以及服务工作。如果顾客是下一道工序,应站在操作人员的立场上评价,即对下一个工序造成的影响程度有多大。针对导弹装备技术保障安全风险特点,将其定义为影响度 E(Effect),强调风险因素对风险模式产生的影响力或效力。

频度 O 原意是指某种失效起因发生的可能性大小,在导弹装备技术保障中仍沿用这个术语,解读为导致导弹装备技术保障安全风险的风险因素发生的可能性大小。

探测度 D 原意是指用现行的系统方法识别起因的可能性大小,针对分析找出的每一个失效模式,分析其失效检测方法,以便为系统的维修性、测试性以及系统的维修工作提供依据。例如在生产制造过程中,当检测到某个可能造成损害的缺陷时,要么马上采取行动进行维修,要么让该产品等待修理。针对导弹装备技术保障的特性,将其定义为不可预知度 P(Puzzle),即导弹装备技术保障人员对导弹装备技术保障安全风险模式及风险因素进行识别时不可预知的概率大小。

传统 FMEA 方法中这三个指标的估分都是 1～10,这里也沿用这种估分方法。显然,风险因素的影响度 E 越大、频度 O 越高、不可预知度 P 越大,则对该风险模式产生的影响就越大。

2. E/O/P 值的获取

在对传统 FMEA 的术语重新置换或确认的基础上,需要解决数据如何获取的问题。针对传统 FMEA 在导弹装备技术保障安全风险管理中的缺陷,采用模糊数学分析方法对数据的获取方法进行改进。本书把 FMEA 中的 E、O、P 作为模糊语言变量,借助于对导弹装备技术保障有丰富知识和经验的专家来确定各语言变量的模糊语言术语集和对应的模糊数,再将模糊数通过运算转换为明确值。

1)建立模糊语言术语集

风险模式的 E、O、P 三个变量作为模糊语言变量。根据导弹装备技术保障安全风险的特点,用 5 级 Likert 量表进行测量。5 级量表是最可靠的,选项超过 5 级,一般人很难明确辨别。每个变量包括 5 种评价语言术语{很低 VL,较低 L,一般 M,较高 H,很高 VH},各种模糊语言术语的含义见表 4 – 17。

表 4 – 17 模糊语言术语含义表

评价语言	影响度 E	频度 O	不可预知度 P
很低 VL	不会对导弹技术保障产生任何影响	很少发生	不被预知的概率很低
较低 L	只对一些活动产生轻微影响	较少发生	不被预知的概率较低
一般 M	会使某些关键活动受到影响	时有发生	不被预知的概率中等
较高 H	导致项目基本丧失功能,用户不满意	经常发生	不被预知的概率较高
很高 VH	导致项目可能取消或停止	频繁发生	不被预知的概率很高

2)建立对应的模糊数

模糊数用来处理一些不精确的信息,如"一般""很高"等模糊性语言。模糊数的形式有很多种,通常根据安全工程中常用的规则来确定,见表 4 – 18。

表 4 – 18 安全风险分析各指标评分标准

模糊描述	评分	影响度 E	频度 O	不可预知度 P
很低	1	轻微	<1:20000	86～100
较低	2	较轻	1:20000	75～85
	3		1:10000	66～75

模糊描述	评分	影响度 E	频度 O	不可预知度 P
一般	4 5 6	一般	1:2000 1:1000 1:200	56~65 46~55 36~45
较高	7、8	严重	1:100 1:20	26~35 16~25
很高	9、10	巨大	1:10 1:2	6~15 0~5

注:表中的评分标准根据任务需要可以灵活变动

3）三角模糊数的非模糊化

在模糊环境下,模糊数的非模糊化是一个非常重要的过程。本书首先定义论域左右边界为最小与最大模糊集合,再经模糊排序处理。

（1）给定最大模糊集合与最小模糊集合:

$$\mu_{\max}(x) = \begin{cases} x, 0 \leq x \leq 1 \\ 0, 其他 \end{cases}$$

$$\mu_{\min}(x) = \begin{cases} 1-x, 0 \leq x \leq 1 \\ 0 \quad , 其他 \end{cases}$$

（2）决定各模糊数 A 的左右边界值:

$$\mu_{L}(A) = \sup[\mu_{A}(x) \wedge \mu_{\min}(x)] \qquad (4-18)$$

$$\mu_{R}(A) = \sup[\mu_{A}(x) \wedge \mu_{\max}(x)] \qquad (4-19)$$

（3）由左右边界值计算出此模糊数的总值:

$$\mu_{T} = \frac{\mu_{R}(A) + 1 - \mu_{L}(A)}{2} \qquad (4-20)$$

4.3.5.4　使用过程

针对传统 FMEA 方法只简单根据 RPN 值大小来进行风险排序的局限性,运用经典灰色关联决策理论来解决这个问题。灰色关联决策是灰色关联理论最常用的决策方法之一,其基本思想是依据问题的实际背景,找出理想最优方案或者最差方案对应的效果评价向量,根据决策问题中各个方案的评价向量与理想方案的评价向量间关联度的大小来确定问题的优劣排序。在导弹装备技术保障安全风险分析中,本书根据已建立的模糊语言术语集对各种风险模式作出评价,得到风险因素的评价矩阵。再分析判断各评价矩阵与排序基准之间的关联度来确定风险因素的排序。在 FMEA 基础上进行灰色关联分析的基本流程,如图 4 - 9 所示。

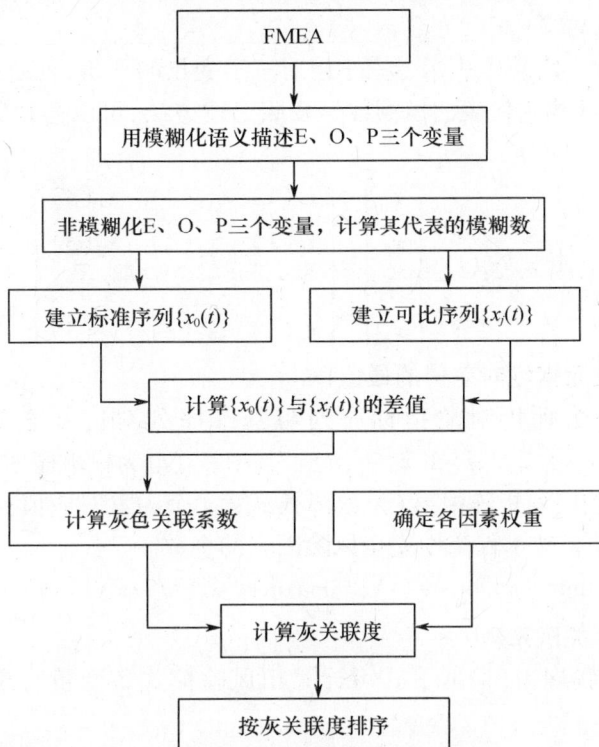

图 4 - 9 基于 FMEA 和灰色关联理论的分析流程图

1. 计算 FMEA 中的 E、O、P 值

对每一安全风险因素的影响度 E、频度 O、不可预知度 P 三个指标的模糊语义进行描述,再对这三个指标进行非模糊化处理。

2. 建立排序基准矩阵

风险因素的排序是相对于一定的排序基准而言的。从导弹装备技术保障安全风险分析结果的可靠性角度考虑,基准矩阵应选择风险模式各变量的最优或最差值作为排序基准。这里选择最差值作为参考建立基准矩阵:

$$\boldsymbol{A}_0 = \{x_0(t)\} = \begin{bmatrix} VH & VH & VH \\ \vdots & \vdots & \vdots \\ VH & VH & VH \end{bmatrix} = \begin{bmatrix} 10 & 10 & 10 \\ \vdots & \vdots & \vdots \\ 10 & 10 & 10 \end{bmatrix}$$

3. 建立各决策矩阵

根据评价目的确定评价指标体系,收集评价数据。假设导弹装备技术保障系统的某个活动有 n 个风险因素,分别记为 $x_1, x_2, \cdots, x_j, \cdots, x_n$,其中 x_j 为第 j 个风险因素。

由于每个风险因素都有 E、O、P 三个变量,所以第 j 个风险因素的数据列可表示为 $x_j = \{x_j(1), x_j(2), x_j(3)\}$。

其中 $x_j(t)(t = 1, 2, 3)$ 表示专家小组对三个变量的评价,可通过 4.3.5.3 节中的非模糊化公式计算它代表的模糊数。按照上述方法,可以得到反映 n 个风险因素的决策矩阵:

$$A_j = \{x_j(t)\} \begin{bmatrix} x_1 \\ x_2 \\ \vdots \\ x_n \end{bmatrix} = \begin{bmatrix} x_1(1) & x_1(2) & x_1(3) \\ x_2(1) & x_2(2) & x_2(3) \\ \vdots & \vdots & \vdots \\ x_n(1) & x_n(2) & x_n(3) \end{bmatrix}$$

4. 计算对应元素绝对差值的最值

逐个计算每个评价对象指标序列与基准序列对应元素的绝对差值,即 $|x_0(t) - x_j(t)|(t = 1, 2, 3; j = 1, 2, \cdots, n)$。其中,$x_0(t)$ 为标准序列中第 t 个因素对应值;$x_j(t)$ 为比较序列矩阵中第 j 个故障模式第 t 个因素对应值;n 为被评价对象的个数,即导弹装备技术保障中安全风险因素的个数。

然后确定 $\min\limits_{j}\min\limits_{t}|x_0(t) - x_j(t)|$ 与 $\max\limits_{j}\max\limits_{t}|x_0(t) - x_j(t)|$。

5. 计算灰色关联系数

根据灰色关联理论,根据下式可计算出风险模式各变量与参考基准的关联系数:

$$\xi[x_0(t), X_j(t)] = \frac{\min\limits_{j}\min\limits_{t}|x_0(t) - x_j(t)| + \zeta \max\limits_{j}\max\limits_{t}|x_0(t) - x_j(t)|}{|x_0(t) - x_j(t)| + \zeta \max\limits_{j}\max\limits_{t}|x_0(t) - x_j(t)|}。$$

$$(4 - 21)$$

式中:ζ 为分辨系数,仅影响相对风险值,$\zeta \in (0, 1)$,ζ 越小,通常取 0.5。关联系数间差异越大,区分能力越强。

6. 计算灰色关联度并排序

任意两个决策矩阵结果之间的差异程度,被定义为两个方案之间的相似性,用关联度概念描述,则第 j 个风险因素的决策矩阵与排序基准的关联度可由下式得到:

$$\gamma(x_0, x_j) = \sum_{t=1}^{3} l_t \{\xi[x_0(t), x_j(t)]\} \qquad (4 - 22)$$

式中:l_t 为各因素的权重系数,且满足 $\sum\limits_{t=1}^{3} l_t = 1$,$l_t$ 由专家根据实际情况事先确定,也可由 AHP 法得到。如果 $\gamma(x_0, x_j)$ 越接近 1,表明此风险因素的决策矩阵与排序基准的评估结果之间相似性越好,即此风险因素带来的风险越大,因为排序基准选择的是最差的状态矩阵。按照风险因素关联度从大到小进行排序,确定风险顺序。

4.3.5.5 应用分析

在导弹装备技术保障活动中,人是活动主体,是起决定作用的因素。因此,为保证安全顺利地完成导弹装备技术保障任务,降低导弹技术保障任务实施过程中各种人为过失的影响,需要事先进行人员安全风险分析。现在以某单位参加某次重大实弹演练任务为例,通过与装备管理人员、工程技术人员、科研机构专家讨论,明确了由人员引起安全风险模式的风险因素主要有工作态度(FM1)、应急能力(FM2)、生理状况(FM3)、文化程度(FM4)、心理素质(FM5)和操作能力(FM6)。

(1)确定风险因素模糊数总值。由专家利用模糊语言术语给出6个风险因素的评价结果(表4-19),再根据4.3.5.3节内容可以得出其模糊数总值,见表4-20。

表4-19 人员安全风险因素评价结果

序号	风险因素	影响度 E	频度 O	不可预知度 P
1	工作态度(FM1)	很高	一般	较高
2	应急能力(FM2)	一般	较低	较低
3	生理状况(FM3)	一般	一般	一般
4	文化程度(FM4)	较低	较低	较低
5	心理素质(FM5)	较低	一般	较低
6	操作能力(FM6)	一般	一般	较高

表4-20 风险因素模糊数总值

序号	风险因素	影响度 E	频度 O	不可预知度 P
1	工作态度(FM1)	8.928	6.221	8.225
2	应急能力(FM2)	4.588	2.359	3.015
3	生理状况(FM3)	4.229	3.663	4.172
4	文化程度(FM4)	3.012	2.567	2.462
5	心理素质(FM5)	2.109	6.059	1.201
6	操作能力(FM6)	6.314	5.563	6.876

(2)确定参考数列:$\{x_0\} = \{10.000, 10.000, 10.000\}$。

(3)计算$|x_0(t) - x_j(t)|$,结果见表4-21。

表4-21 $|x_0(t) - x_j(t)|$的计算结果

序号	风险因素	影响度 E	频度 O	不可预知度 P
1	工作态度(FM1)	1.072	3.779	1.775
2	应急能力(FM2)	5.412	7.641	6.985

序号	风险因素	影响度 E	频度 O	不可预知度 P
3	生理状况（FM3）	5.771	6.337	5.828
4	文化程度（FM4）	6.988	7.433	7.538
5	心理素质（FM5）	7.891	3.941	8.799
6	操作能力（FM6）	3.686	4.437	3.124

（4）求出最值：

$$\min_j \min_t |x_0(t) - x_j(t)| = \min(1.072, 5.412, 5.771, 6.988, 3.941, 3.124) = 1.072$$

$$\max_j \max_t |x_0(t) - x_j(t)| = \max(3.779, 7.641, 6.337, 7.538, 8.799, 4.437) = 8.799$$

（5）计算关联系数 $\xi[x_0(t), X_j(t)]$，取 $\zeta = 0.5$。结果见表4-22。

表4-22 关联系数计算结果

序号	风险因素	$\xi(1)$	$\xi(2)$	$\xi(3)$
1	工作态度（FM1）	1.000 000 000	0.669 010 210	0.886 144 627
2	应急能力（FM2）	0.557 661 927	0.454 424 650	0.480 609 601
3	生理状况（FM3）	0.537 977 484	0.509 616 728	0.534 979 223
4	文化程度（FM4）	0.480 482 986	0.462 412 846	0.458 345 550
5	心理素质（FM5）	0.445 181 238	0.656 015 826	0.414 554 684
6	操作能力（FM6）	0.676 705 213	0.619 193 119	0.727 254 602

（6）分别计算每个风险因素对应的灰色关联度 $\gamma(x_0, x_j)$ 并按照由大到小排序，见表4-23。

表4-23 灰色关联度排序

序号	风险因素	$\gamma(x_0, x_j)$
1	工作态度（FM1）	0.851 718 279
2	应急能力（FM2）	0.674 384 312
3	生理状况（FM3）	0.527 524 478
4	文化程度（FM4）	0.505 250 583
5	心理素质（FM5）	0.497 565 393
6	操作能力（FM6）	0.467 080 460

可见，$\gamma(x_0, x_1) > \gamma(x_0, x_6) > \gamma(x_0, x_3) > \gamma(x_0, x_5) > \gamma(x_0, x_2) > \gamma(x_0, x_4)$。由此可知，人员安全风险因素的解决顺序应为：FM1→FM6→FM3→FM5→FM2→FM4。从排序结果来看，在导弹装备技术保障人为因素分析与管理中，工作态度是导致技术保障安全风险的首要风险因素；其次是操作能力不佳，技术水平较差；其他依次是生理状况、心理素质、应急能力、文化程度。根据分析结果有重点的采取

措施,有利于降低导弹装备技术保障活动中人为因素引起的安全风险。

4.4 导弹装备技术保障典型安全风险分析举例

4.4.1 保障要素总体分析

对于导弹装备技术保障活动过程,先主要从人、物、环境三个方面进行安全风险分析。

1. 人的不安全行为

导弹装备技术保障人员的不安全行为,是影响导弹装备技术保障安全的主要因素。保障人员的不安全行为通常表现为人的失误行为、不规范的组织行为和故意违规行为三种方式。人的失误行为主要是由于作业人员的技术操作不熟练出现错误操作,或者劳动强度大,身体疲劳,功能失调,动作不到位造成事故。不规范组织行为是指由于要求不严、纪律松懈或不懂安全知识和技术而造成的集体行为。如单位领导不组织作业人员学习有关安全知识或组织作业时没有提出明确的安全要求和安全措施,蛮干瞎指挥,不执行或不严格执行安全标准、制度等。故意违规行为主要是指个别人员思想政治觉悟低、道德水平低下或安全意识不强,导致发生的故意破坏行为和违章作业。

2. 物的不安全状态

在导弹装备技术保障活动中,物的不安全状态包括导弹装备本身的不安全状态和用于开展导弹装备技术保障活动的设施设备、机具等保障系统的不安全状态。

导弹的不安全状态表现为导弹装备内部潜在的危险因素在一定的外界条件作用下,转变为现实状态,弹药的自身物理化学性质对弹药的质量变化也会产生一定影响。比如,弹药本身具有燃爆特性,在正常的作业过程中并不发生燃爆事故,但在勤务处理过程中,由于碰撞或摔落,则有可能造成弹药的发火引起爆炸。另一方面,弹药在使用过程中,其本身的物理和化学性质会随服役时间的延长而不断变化,使其抵御外界因素干扰能力下降,呈现不安全状态。如弹药长期储存过程中,尤其是到寿或延寿时,可能出现密封性能下降或保险装置失效等情况,从而呈现不安全状态。

保障设备的不安全状态主要与设施设备的自身结构和技术状况有直接联系。由保障设备自身结构引发的不安全状态表现为:一是本身结构不合理,安全系数小;二是选用的设备型号不能完全满足导弹装备技术保障活动安全作业需要;三是维护保养不到位导致保障设备技术状态不佳,从而造成不安全隐患。例如,气源加注车的空气压缩机,其主要危险与有害因素如下:

(1)空压机的安全阀或压力调节阀失效,或压力表失灵,使空压机压力高于额定值,有可能造成缸体爆炸事故。

（2）冷却系统失效或效果差、断油保护失效、排气温度保护失效使气缸温度升高,同时润滑油的闪点低于规定值,可能造成空压机气缸爆炸。

（3）空气滤清器过滤不好,使微小颗粒吸入空压机,长期运行后,气缸排气室、管路等承压部位的四壁积炭过多,螺杆运动产生火花、静电放电产生火花,可使积炭自然,转化为爆炸。

（4）压缩机的发动机旋转时,具有一定的动能,存在将操作人员卷入机器内的危险。

3. 环境的不安全条件

导弹装备实弹演练技术保障环境的不安全条件,包括自然环境条件和社会环境条件。自然环境中的温度、湿度、雷电、雨雪以及灾害性气候对弹药质量的影响很大。社会环境主要与当地的社会情况和治安情况有关。

4.4.2　典型安全事故分析

这里选取了导弹装备技术保障中典型的 7 类安全事故,主要对其发生原因和产生后果两个主要方面进行总体分析。

1. 火灾、爆炸

原因分析:

1）明火

导弹保障区域内存在明火,有导致燃烧、爆炸事故的可能,明火的主要来源有:

（1）电气设备和线路静电接地设施不良引起的静电火花;

（2）爆炸危险区域内使用非防爆型电气设备产生电打火;

（3）明火管理不善,使保障区域内出现明火火焰、赤热物体、火星、吸烟的烟头和违章动火或用火、操作不当引起的撞击或摩擦火花;

（4）导弹保障人员穿着合成纤维等质料衣物而产生静电火花;

（5）避雷设施不符合技术要求而引起的雷电火花。

2）电气设备短路

导弹保障场所电气设备和线路较多,开关、熔断器、线路等配电装置,照明系统,用电设备,电缆等存在着电气火灾的危险性。在进行电气设备、电气线路等的维护、检修时,如果保障人员维护不力、操作不当、违章操作,发生电气设备（线路）老化、绝缘破损、短路、超负荷用电、敷设不规范、安全用具不合格或长期不鉴定、电压等级不符、接线不规范、使用方法不对等问题时,有发生火灾、爆炸事故的可能。

3）弹药、火工品爆炸

弹药、火工品爆炸的原因是火工品自燃、对火工品保管不善以及人为破坏所致。弹药、火工品自燃是不符合安全标准的结果,可从火工品的成分、制造缺陷和储存条件等方面查找原因,如库房内温度超过规定的要求,会使火工品解体,易于发生火灾和爆炸。

4）高压容器爆炸

导弹装备技术保障作业的气源装置危险源主要存在于气体压缩系统等。在对气体进行增压和供气作业时，由于气阀、传感器、控制系统等故障，或技术保障人员违规作业或误操作，可能会导致高压气体管路、容器破裂。

5）人为因素

保障人员思想麻痹大意，缺乏安全意识，在进行检修作业时，特别是在易燃物质存在的库房，如因管理不当，发生误操作而导致火灾和爆炸事故的发生。

6）动火作业防护不到位

如果焊接、切割等动火作业，事先准备不足，与其他物品安全距离不够，防火措施不当，擅自动火等。

后果分析：火灾和爆炸通常总是相继发生，这类事故是导致重大伤亡和财产损失的重要原因。由于其突然性和快速性，往往导致导弹装设备和保障设施的严重损坏，甚至出现人员的重大伤亡。

2. 触电

导弹保障场所电气设备较多，如配电装置、照明系统、电气设备、电缆等。在进行停送电操作和电气设备、电气线路等的维护、检修时，如果保障人员违章作业、误操作，或电气设备（线路）老化、绝缘损坏、过负荷、带电设备（体）裸露或线头外露、敷设不规范、安全用具不合格或长期不鉴定、电压等级不符、使用小型机工具无触电保护器、使用不合格的电动工具等，存在触电、烧伤、电击伤等事故的可能。

对触电事故从人的原因角度看，是由于作业人员没有接受过安全安全用电知识；未穿戴劳动防护用品，特别是绝缘鞋和绝缘手套；使用不合格的电动工具，麻痹大意，违章操作；误操作；误触电源，作业人员与带电设备安全距离不够等。如保障人员人体不慎触及带电体、与带电设备安全距离不够，都有可能发生电击、电灼伤的触电危险。

从物的原因角度看，带电设备或带电体裸露；闸护开关质量有问题；电线破损或不符合用电要求；电线接头漏电，过载或漏电保护装置不合格等。

从管理的原因角度看，是由于电气线路不符合要求；拖地线乱放，非专业人员接线；电线安装不检查验收；带电电线安装接线无人监护不到位；缺乏定期用电安全检查等。

从环境的原因角度看，是由于施工现场潮湿；离电气线路距离太近位置放置不当等，这些环境的原因都将导致触电的机率大大增加。

后果分析：触电事故的发生往往具有很大的突然性，而且持续的时间很短，难以被察觉和发现，这类事故是导致人员伤亡的重要原因。由于其突然性和快速性，往往难以采取有效的应急处置措施，很容易导致人员伤亡的重大事故。

3. 机械伤害

机械伤害指泵站、车辆、吊装设备等各种机械驱动、转动或静止部分,直接与导弹保障人员人体接触引起的夹击、碰撞、剪切、卷入、绞、碾、割、刺等伤害。

造成机械伤害事故的主要原因包括:

(1) 安全操作规程不健全或管理不善,对导弹装备技术保障操作人员缺乏基本培训。

(2) 设备在非最佳状态下运转。机械设备存在缺陷,机械设备的组成部件、附件和安全防护装置的功能失效和人为损坏等,均可能导致机械伤害事故的发生。

(3) 导弹保障工作场所环境不好也是造成机械伤害事故的原因之一。如工作场所照明不良、温度、噪声过高、地面有杂物、设备布局不合理、备件、被更换的零件及工具堆放不合理等。

(4) 责任过失。保障人员责任心不强、玩忽职守、麻痹大意甚至违章操作,如出现故障不停机处理、检修时无人监护、不挂警示牌、启动前不全面检查、不佩戴必要的防护用具等都易造成机械伤害事故。

(5) 技术过失。保障人员业务素质不高,如不精通车辆驾驶技能或缺乏使用经验,都会导致机械伤害事故。

(6) 装设备问题。如机械转动的危险部位未设防护装置或脱落。

(7) 组织管理方面。安全设施缺少或有缺陷,现场指挥不当,没有穿戴或不正确穿戴防护用品。

后果分析:在导弹装备技术保障活动中,机械伤害事故发生的频率很高,这类事故是导致人员受伤的重要原因。由于其普遍性和突然性,往往难以采取有效的应急处置措施,对保障人员的身体造成较大伤害,影响保障任务的顺利完成。

4. 高处坠落

高处坠落是指在高处作业中发生人员坠落造成的伤亡事故。

在外场挂弹过程中,有时需要保障人员登梯子或凳子来完成;维护和修理行吊、照明设备、堆垛弹箱等高处的装设备时,保障人员需踩踏梯子或平台。如果登高装置损坏,搭设不规范,湿滑,缺乏防护,工作人员未系安全带,监护人失职,在正常操作或与检修交叉的作业中操作不当、相互间配合不协调、精力不集中、违反操作规程等,就会发生高处坠落摔伤。

后果分析:登高作业是一项安全风险较大的活动,稍有不慎就可能发生坠落事故,对保障人员的身体造成重大伤害,影响保障任务的顺利完成。

5. 物体打击

物体打击是导弹装备技术保障作业活动中普遍存在的,操作人员受到坠落物的打击、运动着的设备的打击,操作人员被设备挤压,设备倾覆等。主要原因有:

（1）设备的安全附件（或装置）不齐全。

（2）在使用操作或与维护修理交叉作业组织不合理。

（3）作业人员从高处往下抛掷工具、器件、杂物或向上递。

（4）物件在高处放置不稳。

（5）拆卸维修设备时未设警示标志，周围未设警戒线。

（6）过程中没有采取有效的防护措施。

（7）涉及人的方面原因有：操作人员不遵守操作规程，违意力分散不集中；技术不熟练，专业水平低；操作过程中误操作，相互间配合不协调。

后果分析：在导弹装备技术保障活动中，物体打击是常见的一种人员伤害事故之一。它往往能够对保障人员的身体造成较大伤害甚至导致人员死亡的重大事故，影响保障任务的顺利完成。

6. 起重机械事故

起重机械事故可能发生在导弹装备出入库、启封、外场挂弹等作业过程中。其发生原因主要有：

（1）造成起重机械伤害事故的直接原因，主要有吊物坠落、挤压、碰撞等。

（2）设备方面的原因主要有钢丝绳断开、吊具或吊钩断裂、制动器失灵、提升限位装置失灵等。

（3）人员操作不当，如吊物固定不牢、挂钩不当发生脱钩。

（4）现场组织指挥不力，如起重作业信号错误、指挥方式不当等。

（5）管理原因的主要有：安全管理规章制度不健全，对作业有关人员缺乏安全教育；监督检查力度不够，违章作业现象屡禁不止；对设备缺乏管理，检查维护不及时。

后果分析：在导弹装备技术保障活动中，导弹吊装作业是一项安全风险较大的活动，稍有不慎就可能重大安全事故，造成装备损坏，甚至导致人员伤亡。

7. 车辆伤害

在导弹装备技术保障活动中，需要用到长途运输车、外场运送车、技术准备车等多种车辆。如果道路、标志、装卸、车况不好，尤其是制动、转向装置失灵，或由于驾驶员方面的违章驾驶、驾驶错误、无证驾驶等，如超速运行、判断失误、操作失控等，会发生车辆伤害。

后果分析：在导弹装备技术保障活动中，使用车辆的场合较多，稍有不慎就可能发生车辆事故，轻则导致人员受伤，重则导致人员伤亡和装备严重损坏。

对于导弹装备技术保障活动，其安全风险事件的前因后果都不尽相同，还应具体情况具体分析。

小　结

本章首先介绍了导弹装备技术保障安全风险分析的内容、流程等基本知识，然后重点介绍了导弹装备技术保障安全风险分析的方法,并对风险评估矩阵法、事故树法和基于 FMEA 与灰色关联法的安全风险分析方法的应用进行了详细说明。

思考题和习题

1. 简述导弹装备技术保障安全风险分析的主要内容。
2. 分析导弹装备技术保障安全风险识别的流程。
3. 导弹装备技术保障安全风险分析通常采用哪些方法? 各有什么优缺点?
4. 分析安全风险评估矩阵法的应用过程。
5. 简述事故树方法的基本原理。
6. 分析事故树方法的使用过程。
7. 简述失效模式与影响分析法的基本原理。
8. 简述基于失效模式与影响分析法和灰色关联理论安全风险分析法的应用过程。

第5章 导弹装备技术保障安全风险评价

安全风险评价是建立安全管理体系的核心内容,它为整个体系的实施、运行和保持奠定基础。积极开展安全风险评价,可使组织对其活动范围内所有的重大活动的安全性有一个总体的认识,可以全面掌握当前活动的安全风险状况,以便明确后续活动安全管理的重点。

5.1 导弹装备技术保障安全风险评价的原则、内容与流程

安全风险评价是基于安全风险分析的结果,考虑了安全风险承担者的安全风险态度和承受能力,对安全风险程度形成最终的评价结果,同时给出合理的安全风险对策,以便决策者做出正确的决策。

5.1.1 安全风险评价的原则

导弹装备技术保障安全风险评价,应当遵循评价的实施要具有一定的有预见性和前瞻性,有利于导弹装备技术保障活动组织的安全管理、应急预案等内容的实施、细化和补充,降低导弹装备技术保障安全风险。

5.1.2 安全风险评价的内容

导弹装备技术保障安全风险评价是在对每个安全风险因素进行量化分析的基础上,使用合适的评价方法,对整个导弹装备技术保障任务作出安全风险等级的综合评定。它将安全风险评价的结果与安全目标值进行比较,对系统存在的安全风险进行定性或定量分析,对整个保障任务发生安全风险的可能性及严重性进行综合的评价,判明该任务所具有的安全风险水平,为进一步改善和提高导弹装备技术保障安全打好基础。

简单地说,导弹装备技术保障安全风险评价,就是指在安全风险识别和安全风险分析的基础上,把安全风险发生的概率、损失严重程度,结合其他因素综合起来考虑,即评价安全风险事件发生概率与发生后果的联合作用,评估安全风险的可容许性、确定安全风险等级,得出整体的安全风险水平。

5.1.3 安全风险评价的流程

导弹装备技术保障安全风险评价的基本过程可分为5个阶段,如图5-1所示。

1. 明确评价目的

导弹装备技术保障安全风险综合评价的主要目的是寻找影响导弹装备技术保障安全的因素和规律,并通过建立科学合理的导弹装备技术保障安全风险评价指标体系,运用一系列数学工具和评价方法,采用安全风险评价模型,实现对导弹装备技术保障安全风险的综合评价。

2. 分析评价对象

在明确了评价目的之后,就要对评价对象进行全面的分析,把握评价对象的特性,找出影响评价对象实现的各个因素以及它们之间的关系。

```
┌──────────────┐
│   明确评价目的   │
└──────┬───────┘
       ↓
┌──────────────┐
│   分析评价对象   │
└──────┬───────┘
       ↓
┌──────────────┐
│  构建评价指标体系  │
└──────┬───────┘
       ↓
┌──────────────┐
│   建立评价模型   │
└──────┬───────┘
       ↓
┌──────────────┐
│    结果分析    │
└──────────────┘
```

图5-1 导弹装备技术保障
安全风险评价过程

3. 构建评价指标体系

评价指标体系的建立是进行综合评价的基础,评价指标的选取是否适宜,将直接影响综合评价的结论。因此,建立合理的安全风险评价指标体系是对导弹装备技术保障安全风险进行综合评价的关键。根据导弹装备技术保障系统的内容、特点和要求,按照构建评价指标体系的程序,从整体上建立能够反映导弹装备技术保障安全风险的指标体系,要求指标体系科学合理、全面完备、层次分明。

4. 建立评价模型

对于选取的导弹装备技术保障安全风险评价指标,需研究指标的确定方法,构建指标的评价模型。查阅现有的各种评价方法,分析对比这些评价方法的优缺点和适用范围,结合导弹装备技术保障特点,选择确定导弹装备技术保障安全风险综合评价方法,并分析其基本原理。通过专家调查法和资料查询法,分析确定导弹装备技术保障的安全风险指标数值,并运用层次分析法确定各级指标的权值,然后借助安全风险综合评价方法对导弹装备技术保障整个任务的安全风险等级进行综合评定。

5. 结果分析

从根据综合评价的结果得出安全风险水平分值后,可与导弹装备技术保障实际情况进行比较,对于评价集中评价较差的安全风险指标进行研究和改进。

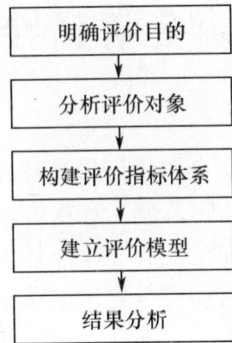

5.2 导弹装备技术保障安全风险评价指标体系构建

建立评价指标体系是进行导弹装备技术保障安全风险评价的关键环节。评估指标体系是安全风险评价活动得以进行的客观依据,其科学性和完整性直接关系到评价结果的合理性和准确性。科学系统的建立一套完整的评估指标体系,能够按照评价指标体系的指标标准度量导弹装备技术保障安全风险的各项指标的实际情况,形成快速、准确的反馈,指出不足,加以改进,从而不断提高导弹装备技术保障活动安全。

5.2.1 评价指标体系构建的原则

选择评价指标需要遵循一定的原则,如果任意选择评价指标,就会使得评价指标显得零零散散,出现评价指标重合、不全面等现象。下面给出在构建导弹装备技术保障安全风险评价指标过程中需要重点考虑的原则:

1. 科学性原则

导弹装备技术保障安全风险评价指标体系的构建,应以导弹装备技术保障安全相关理论为基础,根据指标间的逻辑联系来构建,使所建立的指标应与导弹装备技术保障安全风险有本质联系。同时评价指标体系既能满足综合评价的全面性和相关性要求,又要避免指标间的重叠。评价指标体系中的各项指标概念要科学,确切,有精确的内涵和外延,指标体系应尽可能全面、合理地反映导弹装备技术保障安全风险的本质特征,建立的评价指标体系应尽可能减少评价人员的主观性,增加客观性。

2. 系统性原则

评价指标体系是从总体上反映导弹装备技术保障活动各个环节的效果,是一个全面系统的有机整体,所以要构建层次清楚、结构合理、相互关联、协调一致的评价指标体系,以保证综合评价工作的全面性。导弹装备技术保障安全风险评价指标体系应能反映整个导弹装备技术保障活动的总体状况,有针对装备的指标,还有针对保障人员的指标,以及针对环境的指标等。

3. 完备性原则

评价指标体系的完备性包括充分性和必要性两个方面。在选择评价指标时,应做到任何一个指标下的子指标,不仅能充分全面地刻画该指标的特性,而且任何一个子指标的放弃都将影响到该指标特性的体现。

4. 适用性原则

适用性是指所有评价指标应是针对导弹装备技术保障安全要求提出的,要能反映导弹装备技术保障安全特点,其本质要求就是要满足导弹装备使用人员和决策部门最关心的安全问题。

5. 可操作性原则

要求评价指标体系的构建避免过于繁琐,评价指标概念应当明确清晰,而且选择的评价指标应具有可测性,易于量化,能客观地反映导弹装备技术保障的实际情况。在实际中,评价指标量化应易于通过对统计数据的计算或花费较小的问卷调查和专业人员估计等方法得出具体的数值。

5.2.2　评价指标体系构建的流程

导弹装备技术保障安全风险评价指标体系的构建过程,是对评价对象本质特征的认识逐步深化、不断细化、逐步系统化的过程。

导弹装备技术保障安全风险评价指标体系构建的过程如图 5-2 所示,主要包括以下几个步骤:

(1) 理论准备。构建评价指标体系必须对评价对象和评价目的有明确的认识,理解评价内容,掌握相关基础的理论,这是评价指标体系构建的前提。

(2) 评价指标筛选。采用系统分析的方法构建评价指标体系框架,在构建评价指标体系时,选取能准确反映评价对象本质特征的具有代表性指标,当评价对象具有多种属性时,要从多方面考虑选取评价指标。评价指标的选取要注意定性与定量相结合。

(3) 评价指标体系初建。评价指标体系初建所得的指标集不一定是最合理和最必要的,可能有重叠和冗余的指标,或者关联度很高的指标,需要采用一定的算法与模型对评价指标体系进行筛选,从而得到精简的反映系统本质的评价指标体系。

(4) 评价指标体系应用。通过实际应用评价指标体系来对评价对象进行评价,分析评价结果的合理性,并以此为基础对评价指标体系进行分析与调整。

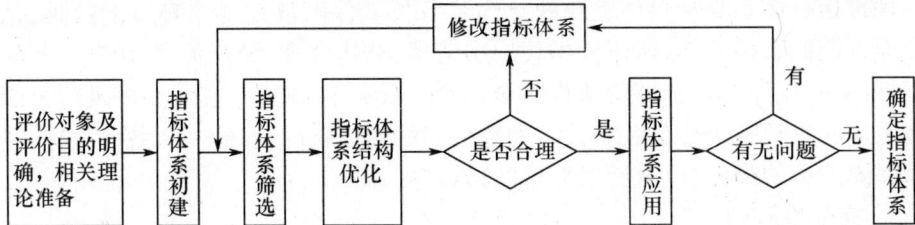

图 5-2　指标体系构建流程图

构建评价指标体系,既可以自顶向下(由顶层目标细化到基础目标),也可以自下而上(由基础目标聚合为顶层目标),也可以两者同时进行。由于导弹装备技术保障系统的复杂性,科学、合理、系统地建立一套安全风险评价指标体系,需要较宽广的知识面和高度概括抽象能力,并要遵循一定的方法。评估指标选取的方法很多,常见的有专家会议法、头脑风暴法、德尔菲法、聚类分析法、关联度法等。

5.2.3　评价指标体系的构建举例

结合某型导弹实弹演练技术保障特点,根据安全工程相关理论、多次问卷调查和专家座谈的结果,遵循安全风险评价指标体系的构建原则,依据所进行的导弹实弹演练技术保障安全风险因素识别结果,建立导弹实弹演练技术保障安全风险评价指标体系,如图 5-3 所示。

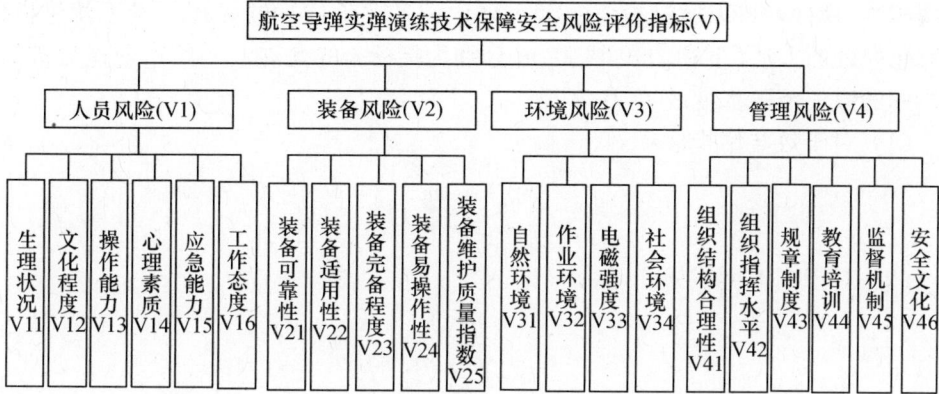

图 5-3 某型导弹实弹演练技术保障安全风险评价指标体系

5.2.4 评价指标信息数据的处理

导弹装备技术保障安全风险评价指标数据处理就是,对收集来的原始数据进行加工和分析。它主要包括对数据的检查、剔除及整理。

1. 数据检查

从事数据检查的人员必须有进入作业现场和资料保存场所的机会,以保证记录的数据和所需的表格能接受检查。同时,数据检查人员亲临现场,对数据收集项目的确定也是大有益处的。在现场,发现数据收集过程中存在的问题及遗漏的项目,发现数据收集程序及容易出错的地方,解释表格填写中的疑难问题,指导反馈数据的复查情况等,都是数据检查人员的责任。

2. 数据剔除

数据剔除一般是对同一母体中区别于其他样本的个别异常数据的剔除。根据异常数据剔除的种类,可分为成败型数据剔除和性能数据的剔除;对于成败型数据,无论任务成功与否,装备结构与规定状态存在着明显差别,在评价安全风险时,数据一律剔除。

3. 数据整理

在建立综合评价指标体系过程中,各评价指标的类型不同,通常可分为效益型指标、成本型指标、居中型指标和区间型指标。综合评价前须将这些指标的类型一致化,这样各个指标的物理意义才能一致。同时,各评价指标取值的量纲不同也会给安全风险评价带来困难,一方面具有不同量纲的属性值无法做各种集结运算;另一方面即使量纲相同,如果各评价指标的取值区间差异很大,也会使某个评价指标

101

所起的作用过大或过小,造成评价结果不合理。

为了解决上述问题,在评价之前需将各评价指标作规范化处理,使得评价指标的类型一致(通常都将评价指标转换为效益型),同时也要让各指标的量纲和取值范围相同,这样才可以通过量值的大小来比较各评价指标的好坏。以下就是指标规范化处理的方法(下述公式中,M、m 分别为指标 x 的允许上下界),通过处理后,各指标的取值范围都变成了[0,1]。

(1) 对于效益型指标:

$$x' = \frac{x - m}{M - m} \tag{5-1}$$

(2) 对于成本型指标:

$$x' = \frac{M - x}{M - m} \tag{5-2}$$

(3) 对于固定型指标:

$$x' = \begin{cases} 1 & ,x = a \\ 1 - \dfrac{|x - a|}{\max\{x - m, M - x\}} & ,x \neq a \end{cases} \tag{5-3}$$

式中:a 为固定值。

(4) 对于区间型指标:

$$x' = \begin{cases} 1 - (q_1 - x)/\max\{q_1 - m, M - q_2\} & ,x < q_1 \\ 1 & ,q_1 \leqslant x \leqslant q_2 \\ 1 - (x - q_2)/\max\{q_1 - m, M - q_2\} & ,x > q_2 \end{cases} \tag{5-4}$$

式中:$[q_1, q_2]$ 为指标 x 的最佳区间。

5.3 导弹装备技术保障安全风险评价方法

5.3.1 概述

目前被应用于安全风险评价的方法有几十种,常用的安全风险评价方法有头脑风暴法、德尔菲法、作业条件危险性评价法、模糊综合评价法、灰色评价法、决策树法、蒙特卡洛模拟法等。

1. 专家调查法

专家调查法是以专家作为获取信息的对象,依靠专家的知识和经验进行预测、评估的方法。它是一种主观的隐性信息判断,比客观全面的显性信息判断的信息

102

量要少,但它容易出偏差,会导致定量分析的不准确。专家调查法常在数据缺乏的情况下使用,如对新技术项目的预测和评估、对非技术因素起主要作用的项目的预测和评估,应用专家调查法十分有效。在复杂的社会、军事、经济、技术问题的预测、方案选择、相对重要性比较等方面经常使用专家调查法。

2. 火灾、爆炸危险指数评价法

1964 年美国道化学公司提出了一种指数评价方法,即道化学火灾爆炸指数法,简称道氏指数法。该方法根据单元物质系数、工艺条件(一般工艺危险系数和特殊工艺危险系数),通过一系列系数(单元火灾爆炸指数、影响区域、破坏系数)计算,确定评价单元的火灾爆炸危险程度,并与安全指标比较、判定事故损失能否被接受的评价方法,是对工艺设备中潜在的火灾、爆炸和活化反应的危险性进行有步骤的客观评价。主要用于评价生产、储存、处理易燃易爆、化学活泼性物质的化工过程和其他有关工艺过程。

3. 作业条件危险性评价法

作业条件危险性评价法是一种简便易行的评价方法,用来评价人们在某种具有潜在危险环境中作业的危险性。该法以被评价的环境与某些作为参考的环境进行比较为基础,采用专家"评分"的办法确定各种自变量的分数值,最后根据总的危险分数值来评价其危险性。

格雷厄姆和金尼认为,发生事故或危险事件的可能性、暴露于这种危险环境的频率、事故一旦发生时可能产生的后果,是影响危险性的三个主要因素。前两者可以看作是危险概率,后者则相当于危险严重度。这样,危险性可以下式来表达:

$$危险性(D) = L \times E \times C \tag{5-5}$$

式中:L 为事故或危险事件发生的可能性;E 为暴露于危险环境的频率;C 为危险严重度。

4. 模糊评价法

模糊评价是指用模糊数学的方法评价系统的安全性。在安全性评价中,评价的结果在绝大多数情况下,存在着各种中间状态,而这种中间状态的表述往往都是一些模糊概念。

模糊评价仍然属于经过量化的定性评价。模糊评价对于多个子系统和多因素综合评价,提供了一种利用模糊矩阵运算的科学方法。但模糊评价仍然需要依靠人脑处理模糊概念的能力,依靠群体的知识和经验。由于安全性评价涉及很多模糊概念的处理,因此深入研究模糊数学在安全性评价以至整个安全管理中的应用是值得重视的。在数据量不是很多的情况下,利用模糊评价法将模糊信息定量化,处理一些难以量化的风险事件、语义信息及风险偏好等问题,使风险评价更加科学化和准确化。

5. 概率风险评价法

概率风险评价法也称为概率安全评价法,是一种以概率论和可靠性工程为基础的系统分析方法。它是以某种安全事故的发生概率为基础进行的系统安全风险评价,主要通过事件树分析、故障树分析等方法,计算系统事故发生的概率,然后与规定的安全目标相比较,评价系统的安全状况。概率风险评价法是一种有效的系统安全风险定量评价方法。

6. 人工神经网络

人工神经网络是基于模仿大脑神经网络结构和功能建立的一种信息处理系统,是理论化的人脑神经网络的数学模型。实际上,它是由大量简单元件相互连接而成的复杂网络,具有高度的非线性,能够进行复杂的逻辑操作和非线性关系实现。神经网络是一门活跃的边缘性交叉学科,研究它的发展过程和前沿问题,具有重要的理论意义。

BP 神经网络是人工神经网络中应用最广泛的方法之一,其结构简单、工作状态稳定,具有很强的非线性映射能力。它是一种柔性的网络结构,也就是说根据具体问题,可以设置不同的网络隐含层层数、各层的处理单元数以及网络的学习系数。对于非线性且模型函数难以确定的问题,可以采用神经网络实现对模型函数的逼近,从而实现对研究问题的评估。

7. 灰色评价法

灰色评价法能处理贫信息系统,适用于只有少量观测数据的项目,主要是利用已知的信息来确定系统的未知信息,使系统由"灰"变"白"。灰色评价法适用于信息不完全或不充分的问题,既能处理确定因素的情况,又能处理不确定因素的情况,其关键是如何建立灰色判断矩阵和从灰色判断矩阵中提取信息。它突破了传统精确数学所受的约束,具有计算简便、排序明确、对数据分布类型及变量之间的相关性无特殊要求等特点,与模糊数学不同,灰色系统理论着重研究"外延明确、内涵不明确"的对象。

8. 可拓评价模型

可拓评价法将物元理论和可拓集合理论引入到风险评价中。其步骤如下:首先将风险评价所涉及的因素进行量化,以物元形式(即事物、特征及量值)表示出来,然后确定权重,计算风险等级。该方法采用模糊参数区间量化法,能很好地综合一些影响系统或装置风险大小的模糊因素,如技术管理水平、配套设施的完善程度等。

安全风险评价方法由于产生背景和原理的不同,使得其都有各自的优缺点及适用范围,有些方法具有较强的通用性,如专家调查法、模糊综合评判法、灰色评价法等;有些方法则有较强的专业性,须由熟练掌握的技术人员使用,并且应用于某些特定的情况,如作业条件危险性评价法、危险指数评价法等。

安全风险评价方法种类繁多,为便于全面、直观地了解各种安全风险评价方法,做出正确合理的选择,收集、整理、比较分析目前常用的安全风险评价方法或工具,具体见表5-1。

表 5 - 1 常用安全风险评价方法的特点与适用条件分析

序号	方法名称	优点	缺点	适用条件
1	专家调查法	简便易用	是一种主观的隐性信息判断,比客观全面的显性信息要少,容易出偏差	适用于资料少的时候,应用广泛
2	火灾、爆炸危险指数评价法	独特、有效、容易掌握;大量使用图表,简捷明了	只能对系统整体宏观评价,而且需要专业人员才能使用	生产、储存、处理燃、爆、化学活跃性物质的工艺过程及其有关工艺系统
3	作业条件危险性评价法	简单易懂	易受评价人员主观因素影响,应用范围较窄	适用于各类生产作业条件,是对一种作业条件的局部评价;赋分人员必须熟悉系统,有丰富的专业知识和实践经验
4	人工神经网络法	能够借助神经网络图清晰地表示各风险间的类别和关系	工作量大,易产生遗漏	适用于整个过程中的风险分类识别
5	概率风险评价法	可以进行定量分析	计算复杂,常常需要耗费大量的人力、物力和时间	适用于数据准确、充分,且分析过程完整,判断和假设合理的系统
6	模糊综合评价法	可以考虑多因素;将模糊信息定量化,处理一些难以量化的风险事件、语义信息及风险偏好等问题,具有较大的灵活性和适应性,简单实用	确定隶属度比较困难,隶属度的可信性受专家经验影响,评价结果易受人员主观因素影响	适用于一些"内涵明确,外延不明确"类型的评价;赋分人员必须熟悉系统,有丰富的专业知识和实践经验
7	灰色评价法	可以考虑多因素;通过灰色白化权函数得到灰数的白化值,从而使问题变得更加清楚、直观、明朗化;具有较大的灵活性和适应性	白化权函数的构造较为困难,评价结果一定程度上受人员主观因素影响	针对于提供的评价信息不太确切、不太完备的灰色系统;赋分人员必须熟悉系统,有丰富的专业知识和实践经验

序号	方法名称	优点	缺点	适用条件
8	可拓评价法	采用模糊参数区间量化法，很好地综合系统风险大小的模糊因素	在评价多个物元时，不宜精确把握经典域与节域的量值范围	适用于难以精确量化的场合，应用广泛

5.3.2　安全风险评价方法的选择

到目前为止不存在一个绝对的安全风险评价标准和方法，应当选择适用于自身实际情况和需要（工作场所状况、人员能力、具体的工序特点和资源状况等）的风险评价标准和方法，不应追求过于复杂的定量分析方法，有时采用简便易行的主观评价方法即可获得良好效果。因此，无论什么方法，只要能体现持续改进的精神并能避免重大安全风险的遗漏，就是适用的有效方法，但应注意选用方法的逻辑性、一致性和合理性，并保持安全风险评价标准和方法的相对稳定。但在相对"重大"的问题解决后，应适当适时修订评价标准或方法。影响安全风险评价方法选择的因素主要有如下几个方面：

（1）可用资源。可能影响安全风险评价方法选择的资源和能力包括：①安全风险评估团队的技能、经验、规模及能力；②信息及数据的可获得性；③时间以及组织内其他资源的限制；④所需外部资源的可用性。

基层单位作业人员应选择相对简单的方法，而对技术、管理人员和安全风险评价小组成员，在简单方法不能满足需求时，应选择系统安全评价方法和综合评价方法，以期获得满意的结果。

（2）不确定性的性质和程度。不确定性可能是保障系统内外部环境中必然存在的情况，产生于数据的质量或数量。现有的数据未必能为安全风险评估工作提供可靠的依据。

（3）系统复杂性。复杂性是安全风险评价中应考虑的另一个重要特征。例如，对一个复杂的系统进行安全风险评价时，不仅要对系统中的每个部分进行评价，更要注意系统各部分之间的相互关系，即应注意安全风险可能产生的间接影响。

（4）所选方法实施的复杂程度，即评价小组成员实施选定的风险评价方法的难易程度（假设项目实施人员都是该项目方面的专家，故对项目人员所需具备与项目有关知识的多少不做考虑）。

（5）安全风险评价方法结果的精度，即实施选定的安全风险评价方法得到的结果所能达到的精确程度。

（6）对保障系统本身的信息要求，即风险评价方法对于导弹装备技术保障相关数据的依赖程度。

由于安全风险的复杂性、表现形式的多样性、产生结果的滞后性,以及难以量化等特点,安全风险的评价一般都采用定性或者定性与定量相结合的方法。

在导弹装备技术保障安全风险评价的过程中,需要根据所涉及的安全风险因素特点和评价要求,选择合适的安全风险评价方法。根据上述对安全风险评价方法的对比分析,结合导弹装备技术保障特点和评估实施条件,在保障数据和专家经验相对齐备的条件下,可采用模糊综合评价法对导弹装备技术保障整个任务的安全风险进行评价;在评价人员相对专业、评价过程逻辑性要求较高时,可采用多级物元分析法对导弹装备技术保障整个任务的安全风险进行评价。

5.3.3 模糊层次评价方法

模糊层次综合评价方法是基于模糊集理论和最大隶属度原则,结合层次分析法对多因素系统的特征进行总体评价的一种方法。模糊评价方法能够较好地反映主观判断的模糊性,层次分析法能够有效地处理不便完全定量分析的复杂问题,从而将这两种方法的优点结合起来,比较简单易行、可信合理,是解决多因素复杂问题行之有效的工具。但模糊评价法主观性大,评价精度不是很高。

5.3.3.1 模糊评价法

模糊评价法可以用来对人、事、物进行全面、正确而又定量的评估,因此它是提高领导者决策能力和管理水平的一种有效方法。评估者从考虑问题的诸因素出发,参照有关的数据和情况,根据他们的判断对复杂问题做出如同"高、中、低","好、较好、一般、较差、差"等程度的模糊评价。然后通过模糊数学提供的方法进行运算,就能得到定量的评价结果,从而为正确决策提供依据。其基本要素包括评价因素论域 V、评语等级论域 U、模糊关系矩阵 R、评价因素权向量 W、合成算子和评价结果向量。

上述的模糊关系矩阵 R 作为一个从指标集 V 到评语集 U 的 Fuzzy(模糊)变换器,每输入一组指标的权重向量 W,就可以得到一组相应的评价结果 B。这个关系可用图 5 - 4 来表示,即模糊评价的基本模型。

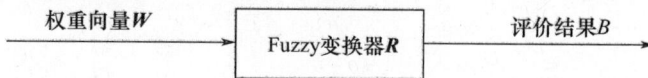

$$\text{权重向量} W \longrightarrow \boxed{\text{Fuzzy变换器} R} \longrightarrow \text{评价结果} B$$

图 5 - 4 模糊评价法基本模型

模糊评价法是在指标集和评语集之间建立的模糊变换而产生的,其特点为:

(1)在调查统计的基础上的,从广泛的调查中获得大量的信息。这些信息很难用确定的量来衡量,称为模糊信息。只有是模糊信息的系统才能用此方法。

(2)由于问题层次结构的复杂性、多因素性、不确定性、信息的不充分以及人类思维的模糊性等矛盾的涌现,使得人们很难客观地做出评价和决策,实践证明,模糊评价结果的可靠性和准确性依赖于合理选取指标和正确分配指标权重。

（3）模糊判断矩阵的确定方法多，相对比较复杂。

5.3.3.2 层次分析法

层次分析法是美国匹兹堡大学教授 Saaty 于 20 世纪 70 年代提出的一种用于解决多目标复杂问题的定性与定量相结合的决策分析方法。运用层次分析法解决问题，一般分以下四个步骤。

1. 对构成决策问题的各种要素建立递进的结构层次模型

2. 构造两两比较判断矩阵

层次结构建立后，在各层要素中进行两两比较，并引入判断尺度将其量化，构成比较判断矩阵。

构造比较判断矩阵时，评估者要反复回答的问题:两个指标 V_i 和 V_j 哪一个更重要? 重要多少? 需要对重要多少赋予一定数值，采用 1~9 比例尺度（标度），具体见表 5-2。

表 5-2　重要度定义表

1	表示两个指标比较，具有同样重要性
3	表示两个指标比较，一个指标比另一个指标稍重要
5	表示两个指标比较，一个指标比另一个指标重要
7	表示两个指标比较，一个指标比另一个指标重要得多
9	表示两个指标比较，一个指标比另一个指标极为重要
2、4、6、8	介于上述两个相邻判断的中值

决策者进行两两指标之间重要程度的比较，可得如下结果:

	V_1	V_2	$\cdots$	V_n
V_1	a_{11}	a_{12}	$\cdots$	a_{1n}
V_2	a_{21}	a_{22}	$\cdots$	a_{2n}
$\vdots$	$\vdots$	$\vdots$		$\vdots$
V_n	a_{n1}	a_{n2}	$\cdots$	a_{nn}

根据此结果，得比较矩阵 A:

$$A = \left[a_{ij} \right]_{n \times m}$$

A 矩阵具有如下性质:

（1）$a_{ij} > 0$;

（2）$a_{ii} = 1$;

（3）$a_{ij} = \dfrac{1}{a_{ji}}$。

3. 计算指标相对权重

求解判断矩阵 A 的特征根：

$$A \cdot W = \lambda_{max} \cdot W \qquad (5-6)$$

式中：λ_{max} 为判断矩阵 A 的最大特征根；W 为判断矩阵 A 最大特征根 λ_{max} 对应的特征向量，即权重向量。

4. 一致性检验

层次分析法的关键步骤是由专家给出判断矩阵，然后计算排序向量，为了避免在判断中出现诸如"甲比乙极端重要，乙比丙极端重要，而丙又比甲极端重要"反常现象，应进行逻辑上前后统一的一致性检验；因此专家给出的判断矩阵是否具有满意的一致性是一个很重要的问题，它是直接影响到判断矩阵得到的排序向量是否真实地反映各比较对象之间地客观排序，因此对判断矩阵一致性地改进也是层次分析法中一个很重要的内容。

在得到 λ_{max} 后，需进行一致性检验，完全一致时，应存在如下关系：

$$a_{ik} = a_{ij}a_{jk}, \quad i,j,k = 1,2,\cdots,n \qquad (5-7)$$

反之，就是不一致。当判断完全一致时，应该有 $\lambda_{max} = n$，其余特征根均为零。一致性指标 CI 为

$$CI = \dfrac{\lambda_{max} - n}{n-1} \qquad (5-8)$$

当一致时，CI $= 0$；不一致时，一般 $\lambda_{max} > n$，因此，CI > 0。Saaty 及其同事们经过大量研究，给出了平均随机一致性指标 RI 的取值，如表 5-3 所示。

表 5-3　平均随机一致性指标 RI

矩阵阶数 n	1	2	3	4	5	6	7	8	9	10
RI	0	0	0.52	0.89	1.12	1.26	1.36	1.41	1.46	1.49

只要随机一致性指标 CR 满足

$$CR = \dfrac{CI}{RI} < 0.1 \qquad (5-9)$$

就认为所得比较矩阵具有满意地一致性，判断结果可以接受。而一般情况下，一阶、二阶矩阵总是一致的，逻辑上是合理的，此时 CR $= 0$。

一般的层次分析法流程如图 5-5 所示。

5.3.3.3　使用过程

模糊层次评价法的数学模型可分为一级模糊评价模型和多级模糊评价模型，

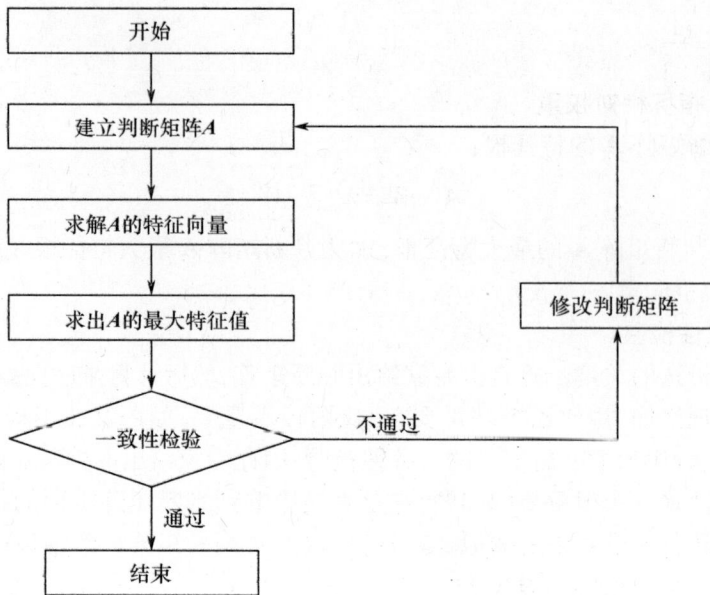

图 5 - 5　一般的层次分析法流程

下面将以建立二级评价模型为例来说明。

1. 确定因素层次

将被评价的因素集 V 分为 m 个因素子集：

$$V = \{V_1, V_2, \cdots, V_i, \cdots, V_m\}, \quad i = 1, 2, \cdots, m \tag{5-10}$$

如对于图 5 - 2 所建立的安全风险评价指标体系来说,对于一级指标则有

$$V = (V_1, V_2, V_3, V_4) = \{人员风险,装备风险,环境风险,管理风险\}$$

V_i 为第一层次的第 i 个因素,由第二层次中的 n 个因素决定

$$V_i = \{v_{i1}, v_{i2}, \cdots, v_{ij}, \cdots, v_{in}\}, \quad j = 1, 2, \cdots, n \tag{5-11}$$

2. 建立权重集

运用层次分析法,根据每一层次中各个因素的重要程度,分别确定各级指标相应的权重值,则各权重集为

$$第一层次 \quad W = \{W_1, W_2, \cdots, W_m\}$$
$$第二层次 \quad W_i = \{w_{i1}, w_{i2}, \cdots, w_{in}\}$$

3. 建立评语集 U

评语集是评价者对评价对象可能作出的各种评价结果所组成的集合,不论评价层次多少,评语集只有一个。评语集一般可表示为

$$U = \{U_1, U_2, \cdots, U_p\} \tag{5-12}$$

本书所建立的评语集为

110

$$U = \{U_1, U_2, U_3, U_4, U_5\} = \{低, 较低, 一般, 较高, 高\}$$

正是由于评语集的确定,才使得模糊综合评价得到了一个模糊评价向量,被评价对象对各评语集隶属程度的信息通过这个模糊向量表示出来,体现出评价的模糊特性。根据偏大型柯西分布隶属函数理论,将评语集量化值定为 $U = (0.0100\ \ 0.5245\ \ 0.8000\ \ 0.9126\ \ 1.0000)$。

4. 隶属度的确定

隶属度反映了决策者对于模糊愿望大小的一个结论值或判断情况。本书采用专家调查法确定各个指标的隶属度,邀请导弹装备技术保障领域专家若干名(一般为 10~20 人)组成评估专家组,用打分或投票的方式表明各自的评价。记 $c_{ij}(i = 1, 2, \cdots, n; j = 1, 2, \cdots, m)$ 为赞成第 i 项因素 u_i 为第 j 种评价 v_j 的票数, r_{ij} 为指标集合 V 中任一指标 u_i 对评语集合 U 中元素的隶属度,有如下关系成立:

$$r_{ij} = \frac{c_{ij}}{\sum\limits_{j=1}^{m} c_{ij}}, i = 1, 2, \cdots, n \tag{5-13}$$

式中:$\sum\limits_{j=1}^{m} c_{ij}$ 为专家组人数。得出单因素隶属度矩阵 $\boldsymbol{R}_j$ 为

$$\boldsymbol{R}_j = \begin{bmatrix} r_{11} & r_{12} & \cdots & r_{1m} \\ r_{21} & r_{22} & \cdots & r_{2m} \\ \vdots & \vdots & & \vdots \\ r_{n1} & r_{n2} & \cdots & r_{nm} \end{bmatrix}$$

5. 一级模糊综合评价

由于第一层次各因素都由第二层次(即下一层次)的若干因素决定,所以第一层次每一因素的单因素评价,应是下一层次的多因素综合评价结果。令第二层次的单因素评价矩阵 $\boldsymbol{R}_i$ 为

$$\boldsymbol{R}_i = \begin{bmatrix} r_{i11} & r_{i12} & \cdots & r_{i1p} \\ r_{i21} & r_{i22} & \cdots & r_{i2p} \\ \vdots & \vdots & & \vdots \\ r_{in1} & r_{in2} & \cdots & r_{inp} \end{bmatrix} \tag{5-14}$$

r_{ij} 中的因素个数决定 $\boldsymbol{R}_i$ 矩阵的行数,评语等级个数决定矩阵的列数。考虑了权重后,得到一级模糊综合评价集 B_i 为

$$B_i = \boldsymbol{W}_i \cdot \boldsymbol{R}_i = [w_{i1}, w_{i2}, \cdots, w_{in}] \cdot \begin{bmatrix} r_{i11} & r_{i12} & \cdots & r_{i1p} \\ r_{i21} & r_{i22} & \cdots & r_{i2p} \\ \vdots & \vdots & & \vdots \\ r_{in1} & r_{in2} & \cdots & r_{inp} \end{bmatrix} = (b_{i1}, b_{i2}, \cdots, b_{ip})$$

$$\tag{5-15}$$

式中:"·"是模糊算子,即综合评价模型。

6. 多级模糊综合评价

多级模糊综合评价方法在一定程度上与人脑的思维活动很相似,可以根据实际评价体系的需要进行二级、三级甚至更高级别的评价,所以多层次模糊综合评价方法在进行大批量复杂信息的处理时有经典数学无法比拟的优越性。

不论有多少层次,最终总要得到最高层次即目标层的综合评价结果。一级模糊综合评价仅是最底层次综合评价的结果,它只是上一层次的单因素评价。为了继续求出上一层次的综合评价,必须进行二级模糊综合评价。二级模糊综合评价的单因素评价矩阵 $\boldsymbol{R}$ 为

$$\boldsymbol{R} = \begin{bmatrix} \boldsymbol{B}_1 \\ \boldsymbol{B}_2 \\ \vdots \\ \boldsymbol{B}_m \end{bmatrix} = \begin{bmatrix} \boldsymbol{W}_1 \cdot \boldsymbol{R}_1 \\ \boldsymbol{W}_2 \cdot \boldsymbol{R}_2 \\ \vdots \\ \boldsymbol{W}_m \cdot \boldsymbol{R}_m \end{bmatrix} \tag{5-16}$$

则二级模糊综合评价集 B 为

$$B = \boldsymbol{W} \cdot \boldsymbol{R} = \boldsymbol{W} \cdot \begin{bmatrix} \boldsymbol{W}_1 \cdot \boldsymbol{R}_1 \\ \boldsymbol{W}_2 \cdot \boldsymbol{R}_2 \\ \vdots \\ \boldsymbol{W}_m \cdot \boldsymbol{R}_m \end{bmatrix} = (b_1, b_2, \cdots, b_p) \tag{5-17}$$

用框图来表示上述两级合成过程,如图 5-6 所示。

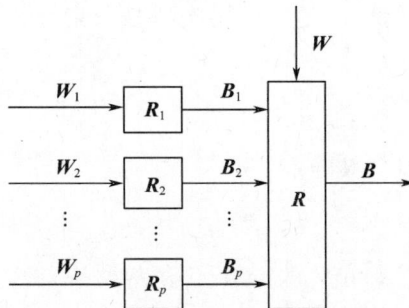

图 5-6　两级模糊综合评价示意图

5.3.3.4　应用分析

为参加某次实弹演练任务,某部队需要将人员、导弹及其保障设备跨区域转场,然后异地进行装设备展开、技术准备,为导弹实弹射击提供技术保障。现对该部队参加此次导弹实弹演练技术保障任务的安全情况,进行安全风险综合评价。

112

邀请从事导弹装备技术保障科研和使用的 20 位专家组成评估组,采用投票的方式进行评判,根据专家打分法和 4.3.4.2 节中隶属度的确定内容,通过对投票的结果进行整理和计算,得到安全风险评价指标体系的具体数据,具体见表 5 - 4。

1. 权重确定

通过层次分析法,计算得指标权重,见表 5 - 5。

这里,以第一级指标权重的计算为例,首先得到如下判断矩阵:

$$A = \begin{array}{c}\\V_1\\V_2\\V_3\\V_4\end{array} \begin{bmatrix} V_1 & V_2 & V_3 & V_4 \\ 1 & 3 & 2 & 1/2 \\ 1/3 & 1 & 1/2 & 1/4 \\ 1/2 & 2 & 1 & 1/3 \\ 2 & 4 & 3 & 1 \end{bmatrix}$$

计算后得出特征向量为:$(1.3161, 0.7387, 1.1409, 1.7598)^T$;最大特征值 $\lambda_{max} = 4.1425$;求出一致性指标 CI $= 0.0475$;查表得随机一致性指标 RI $= 0.8931$;则一致性比率 CR $=$ CI/RI $= 0.0532 < 0.1$,所以通过一致性检验,从而求得第一级指标权重 $W = (0.273, 0.124, 0.207, 0.396)^T$。

表 5 - 4 评价指标值

一级指标	二级指标	单指标隶属度				
		低	较低	一般	较高	高
人员风险	人员生理状况	0.059	0.563	0.058	0.070	0.250
	技术水平	0.076	0.207	0.259	0.205	0.254
	操作能力	0.006	0.698	0.228	0.042	0.026
	应急能力	0.447	0.041	0.435	0.038	0.039
	心理素质	0.048	0.226	0.271	0.238	0.217
	工作态度	0.056	0.226	0.006	0.460	0.251
装备风险	装备可靠性	0.010	0.677	0.047	0.221	0.044
	装备适用性	0.075	0.431	0.239	0.248	0.007
	装备易操作性	0.008	0.487	0.261	0.206	0.039
	装备完备程度	0.032	0.467	0.462	0.018	0.020
	装备维护质量指标	0.064	0.261	0.033	0.442	0.200
环境风险	自然环境	0.066	0.225	0.263	0.215	0.231
	作业环境	0.005	0.259	0.267	0.232	0.236
	电磁环境	0.075	0.218	0.424	0.227	0.056
	社会环境	0.446	0.258	0.072	0.217	0.008

一级指标	二级指标	单指标隶属度				
		低	较低	一般	较高	高
管理风险	组织结构合理性	0.229	0.070	0.042	0.224	0.436
	组织指挥能力	0.232	0.470	0.025	0.259	0.014
	规章制度	0.234	0.069	0.253	0.248	0.197
	教育培训	0.064	0.261	0.033	0.442	0.200
	监督机制	0.247	0.038	0.223	0.258	0.234
	安全文化	0.452	0.055	0.041	0.212	0.240

表 5-5　指标权重值

一级指标	二级指标	权重
人员风险 (0.273)	人员生理状况	0.186
	技术水平	0.012
	操作能力	0.263
	应急能力	0.162
	心理素质	0.053
	工作态度	0.324
装备风险 (0.124)	装备可靠性	0.413
	装备适用性	0.182
	装备易操作性	0.108
	装备完备程度	0.237
	装备维护质量指标	0.060
环境风险 (0.207)	自然环境	0.494
	作业环境	0.319
	电磁环境	0.136
	社会环境	0.051
管理风险 (0.396)	组织结构合理性	0.099
	组织指挥能力	0.350
	规章制度	0.145
	教育培训	0.104
	监督机制	0.217
	安全文化	0.085

2. 一级模糊综合评价

由表 5-4 可得

$$W_1 = \begin{bmatrix} 0.186 & 0.012 & 0.263 & 0.162 & 0.053 & 0.324 \end{bmatrix}$$

$$R_1 = \begin{bmatrix} 0.059 & 0.563 & 0.058 & 0.070 & 0.250 \\ 0.076 & 0.207 & 0.259 & 0.205 & 0.254 \\ 0.006 & 0.698 & 0.228 & 0.042 & 0.026 \\ 0.447 & 0.041 & 0.435 & 0.038 & 0.039 \\ 0.048 & 0.226 & 0.271 & 0.238 & 0.217 \\ 0.056 & 0.226 & 0.006 & 0.460 & 0.251 \end{bmatrix}$$

$$B_1 = W_1 \cdot R_1 = \begin{bmatrix} 0.284 & 0.110 & 0.252 & 0.122 & 0.232 \end{bmatrix}$$

同理,求出综合评估向量 B_2、B_3、B_4,从而得到最终的评价矩阵为

$$R = \begin{bmatrix} 0.284 & 0.110 & 0.252 & 0.122 & 0.232 \\ 0.111 & 0.419 & 0.256 & 0.108 & 0.107 \\ 0.541 & 0.184 & 0.209 & 0.029 & 0.036 \\ 0.112 & 0.123 & 0.323 & 0.223 & 0.219 \end{bmatrix}$$

3. 二级评估

$$B = W \cdot R = \begin{bmatrix} 0.273 \\ 0.124 \\ 0.207 \\ 0.396 \end{bmatrix}^T \cdot \begin{bmatrix} 0.284 & 0.110 & 0.252 & 0.122 & 0.232 \\ 0.111 & 0.419 & 0.256 & 0.108 & 0.107 \\ 0.541 & 0.184 & 0.209 & 0.029 & 0.036 \\ 0.112 & 0.123 & 0.323 & 0.223 & 0.219 \end{bmatrix}$$

$$= (0.2202 \quad 0.2257 \quad 0.2975 \quad 0.1214 \quad 0.1352)$$

则安全风险综合评分为

$$N = B \cdot U^T = (0.2202 \quad 0.2257 \quad 0.2975 \quad 0.1214 \quad 0.1352) \cdot$$
$$(0.0100 \quad 0.5245 \quad 0.8000 \quad 0.9126 \quad 1.0000)^T = 0.6045$$

根据评价结果可知,该单位参加次实弹演练任务技术保障的安全风险介于"轻度风险"与"一般风险"之间。说明执行此次实弹演练任务技术保障存在一定的安全风险,但是这种程度的安全风险对任务的开展影响较低。

5.3.4 多级物元分析方法

由于导弹装备技术保障系统是一个复杂的多因素系统,其安全评价内容是多方面的,有些因素是难以度量的,具有很大的不确定性。采用多级物元分析模型对其进行评价,可以将众多因素进行分类、比较,利用关联度进行分析,考虑了相关性对安全风险等级评价的影响,并能以定量的数值较完整地反映导弹装备技术保障安全风险的水平,使评价结果更加全面、直观,进一步提高评价结果的科学性、准确性。

可拓学是以蔡文教授为首的我国学者于 1983 年创立的一门新学科,它用形式化的模型,研究事物拓展的可能性和开拓新的规律与方法,解决现实中的矛盾问题,其中物元分析法是可拓学中重要的分析方法。物元分析法将评价事物的质与量结合起来,弥补了其他数学建模过程中忽略事物的中介状态和质变过程的不足;通过物元变换和可拓集合论,建立关联函数,实现评价对象定性与定量的结合,解决评价指标间不相容的问题。物元分析法的优点包括计算量小,计算相对简单,对于多指标的复杂问题,可以编程,由计算机进行处理,能够把事物的质和量很好地结合等。

5.3.4.1　物元基本理论

事物 N 具有特征 c,其值为 v,则由 N、V、x 构成有序的三元组 $R=(N,V,x)$ 作为描述事物的基本元,简称物元。事物的名称 N、特征 V 和量值 x 称为物元 R 的三要素。

假设事物 N 具有多个特征,可用 n 个特征 $V_1,V_2,\cdots,V_n$ 及相应的量值描述 x_1,$x_2,\cdots,x_n$,则称物元 R 为 n 维物元,记为

$$R=(N,V,x)=\begin{bmatrix} R_1 \\ R_2 \\ \vdots \\ R_n \end{bmatrix}=\begin{bmatrix} N & V_1 & x_1 \\ & V_2 & x_2 \\ & \vdots & \vdots \\ & V_n & x_n \end{bmatrix} \tag{5-18}$$

式中:$R_i=(N,V_i,x_i)(i=1,2,\cdots,n)$ 称为 R 的分物元;$V=[V_1,V_2,\cdots,V_n]$ 为特征向量;$X=[x_1,x_2,\cdots,x_n]$ 为特征向量的量值。

5.3.4.2　可拓集合理论

设论域 U 中的任一元素 u,对应一实数 $K(u)\in(-\infty,+\infty)$,则 $A=\{(u,y)\mid u\in U,y=K(u)\in(-\infty,+\infty)\}$ 为论域 U 的一个可拓集合。其中 $y=K(u)$ 为 A 的关联函数,$K(u)$ 为 u 关于可拓集合 A 的关联度。

设 x 为实域$(-\infty,+\infty)$上的任意一点,区间 $X_0=<a,b>$ 和 $X=<c,d>$(符号 $<>$ 只表示区间端点而不论开、闭性质)为实域上任一区间 $X_0\in X$,且无公共端点,则初等关联函数为

$$k(x)=\frac{\rho(x,X_0)}{D(x,X_0,X)} \tag{5-19}$$

式中:$\rho(x,X_0)$ 为点 x 与区间 X_0 的距,得

$$\rho(x,X_0)=\left|x-\frac{a+b}{2}\right|-\frac{b-a}{2} \tag{5-20}$$

$D(x,X_0,X)$ 为点 x 与区间 X_0、X 的位值,则

$$D(x, X_0, X) = \begin{cases} \rho(x, X) - \rho(x, X_0), & x \notin X_0 \\ -1, & x \in X_0 \end{cases} \qquad (5-21)$$

关联函数可以计算 x 点与 X_0 的关联程度，$k(x) > 0$ 表示点 x 属于 X_0 的程度；$k(x) < 0$ 表示点 x 不属于 X_0 的程度；$-1 < k(x) < 0$ 表示当状态发生改变时，点 x 有可能成为 X_0 的一部分，且 $k(x)$ 的值越大可能性就越大。

5.3.4.3　使用过程

1.　建立评价指标体系

首先要建立导弹装备技术保障安全风险评价指标体系。这些指标是保障导弹装备技术保障安全的重要基础，是完成导弹装备技术保障任务的必要条件。一级指标用 $V = (V_1, V_2, V_3, V_4)$ 表示；二级指标用 V_{ij} 表示，其含义为第 i 类中的第 j 个评价因子；然后要确定指标的权重。在导弹装备技术保障安全风险评价指标体系中，各个指标的权重值将直接影响评价结果的准确性，可采用层次法确定各个指标的权重值。

2.　一级评价

一级评价是指对指标体系中的每一类别的 V_i 进行评价，评价步骤如下：

（1）确定经典域（即给出 V_i 关于各等级特征的取值范围）：

$$R_{oj} = (N_{oj}, V_{oj}, X_{oj}) = \begin{bmatrix} N_{oj} & V_{oj1} & x_{oj1} \\ \vdots & \vdots & \vdots \\ N_{oj} & V_{ojn} & x_{ojn} \end{bmatrix} = \begin{bmatrix} N_{oj} & V_{oj1} & <a_{oj1}, b_{oj1}> \\ \vdots & \vdots & \vdots \\ N_{oj} & V_{ojn} & <a_{ojn}, b_{ojn}> \end{bmatrix} \qquad (5-22)$$

式中：R_{oj} 为导弹装备技术保障的第 j 级安全风险状况的物元模型；N_{oj} 表示为导弹装备技术保障安全风险评价指标 V_{oj} 的第 j 个安全水平的等级（$j = 1, 2, \cdots, m$）；x_{oji} 表示 N_{oj} 关于特征的量值范围，即各个等级关于对应特征 V_{oj} 的经典域 $<a_{oji}, b_{oji}>$。

（2）确定节域，节域是指安全风险指标体系 V_o 各特征值等级的值域，用下式表示：

$$R_{op} = (N_{op}, V_{op}, X_{op}) = \begin{bmatrix} N_{op} & V_{op1} & x_{op1} \\ \vdots & \vdots & \vdots \\ N_{op} & V_{opn} & x_{opn} \end{bmatrix} \qquad (5-23)$$

式中：R_{op} 为导弹技术保障安全风险评价物元模型的节域；N_{op} 是导弹技术保障安全风险等级的全体；x_{opi} 为 N_{op} 关于特征 V_{op} 的量值范围，即 $<a_{opi}, b_{opi}>$。

（3）确定待评物元，待评对象为 V_o，将对其分析得到的数据用物元表示为

$$R_o = (N_o, V_o, X_o) = \begin{bmatrix} N_o & V_{o1} & y_{o1} \\ \vdots & \vdots & \vdots \\ N_o & V_{on} & y_{on} \end{bmatrix} \qquad (5-24)$$

式中：R_o 为导弹技术保障安全风险的待评物元；N_o 为待评对象；y_{o1} 为待评对象 N_o 关于特征 V_{oi} 的量值，即待评对象 N_o 经分析得到的具体值。

（4）确定关联函数。根据可拓学理论可知，点 x_0 与有限实区间 $X = <a, b>$ 的距 $\rho(x_0, X)$ 的表达式：$\rho(x_0, X) = \left| x_0 - \frac{1}{2}(a+b) \right| - \frac{1}{2}(b-a)$，则待评对象的特征 V_{oi} 关于第 j 等级的关联度为

$$k_j(y_{oi}) = \frac{\rho(y_{oi}, x_{oji})}{\rho(y_{oi}, x_{opi}) - \rho(y_{oi}, x_{oji})} \tag{5-25}$$

式中：$\rho(y_{oi}, x_{oji})$ 表示 N_o 与关于 $N_{oj}(j = 1, 2, \cdots, m)$ 特征 V_{oi} 的距；$\rho(y_{oi}, x_{opi})$ 表示 N_o 与 N_{op} 关于特征 V_{oi} 的距，其算法如下：

$$\rho(y_{oi}, x_{oji}) = \begin{cases} a_{oji} - y_{oi}, & y_{oi} \leqslant (a_{oji} + b_{oji})/2 \\ y_{oi} - b_{oji}, & y_{oi} > (a_{oji} + b_{oji})/2 \end{cases} \tag{5-26}$$

$$\rho(y_{oi}, x_{opi}) = \begin{cases} a_{opi} - y_{oi}, & y_{oi} \leqslant (a_{opi} + b_{opi})/2 \\ y_{oi} - b_{opi}, & y_{oi} > (a_{opi} + b_{opi})/2 \end{cases} \tag{5-27}$$

（5）计算待评对象 N_o 关于等级 j 的关联度：

$$K_{oj}(N_o) = \sum_{i=1}^{n} w_{oi} k_j(y_{oi}) \tag{5-28}$$

式中：w_{oi} 为 V_{oi} 的权重。

3. 二级评价

所谓的二级评级是指计算待评事物 N 关于等级 j 的关联度 $K_j(N)$，其计算公式为

$$K_j(N) = \sum_{i=1}^{n} w_i k_{ij}(N_i) \tag{5-29}$$

式中：w_i 为 V_i 的权重。

4. 评价等级

关联度的大小表示对象符合标准对象等级的程度，其值越大，符合度越高。由最大隶属度原则 $K_{jo} = \max K_j(N)$ 可知，N 属于 j_o 级别。如果对于所有的 j 都有 $K_j(N) \leqslant 0$，则说明 N 的等级已经不在所划分的各个等级范围内，应该按照下述方法进行确定。

令

$$k_j^*(y_{oi}) = \frac{K_j(N) - \min[K_j(N)]}{\max[K_j(N)] - \min[K_j(N)]} \tag{5-30}$$

$$j^* = \frac{\sum\limits_{j=1}^{n} j k_j^*(y_{oi})}{\sum\limits_{j=1}^{n} k_j^*(y_{oi})} \qquad (5-31)$$

式中:j^* 为 N 所述等级的特征值,它表示待评对象属于等级 j_o 的程度。

综上所述,可以得到基于多级物元法的导弹装备技术保障安全风险评价的基本程序,如图 5-7 所示。

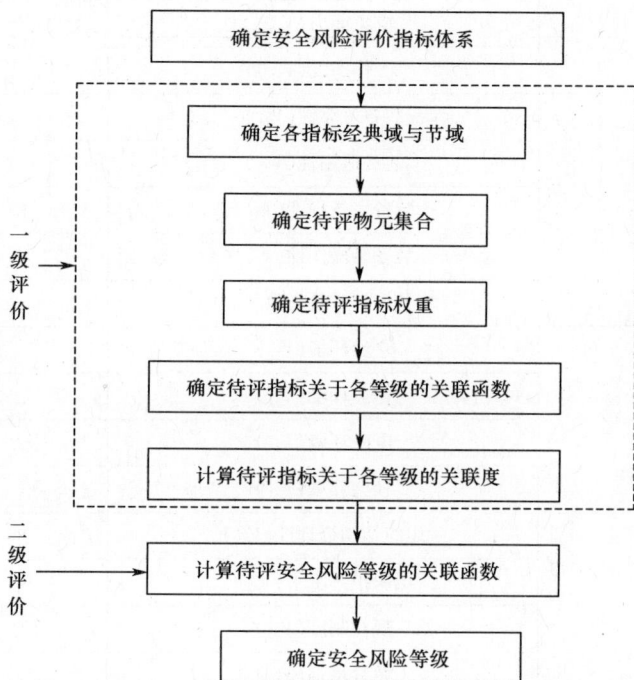

```
┌─────────────────────────────┐
│      确定安全风险评价指标体系       │
└─────────────────────────────┘
         │
  ┌──────┼──────────────────────────┐
  │  ┌─────────────────────────┐     │
一 │  │     确定各指标经典域与节域     │     │
级 │  └─────────────────────────┘     │
评 │      ┌─────────────────────┐     │
价 │      │     确定待评物元集合      │     │
  │      └─────────────────────┘     │
  │      ┌─────────────────────┐     │
  │      │     确定待评指标权重      │     │
  │      └─────────────────────┘     │
  │  ┌─────────────────────────────┐ │
  │  │   确定待评指标关于各等级的关联函数   │ │
  │  └─────────────────────────────┘ │
  │  ┌─────────────────────────────┐ │
  │  │   计算待评指标关于各等级的关联度    │ │
  │  └─────────────────────────────┘ │
  └───────────────────────────────────┘
         │
二 ┌─────────────────────────────┐
级 │   计算待评安全风险等级的关联函数     │
评 └─────────────────────────────┘
价        │
   ┌─────────────────────────────┐
   │       确定安全风险等级          │
   └─────────────────────────────┘
```

图 5-7 基于多级物元分析法的安全风险评价过程

5.3.4.4 应用分析

为参加某次重大实弹演练任务,某部队需要快速完成导弹技术准备,然后送到外场进行挂机,保证任务飞机在最短的准备时间内挂弹起飞。现对该单位参加此次导弹装备技术保障任务的安全情况,进行安全风险综合评价。

1. 确定安全等级及各指标权重和得分

由导弹装备技术保障的专家组人员通过打分的方法将导弹技术保障中各个安全风险评价指标的安全风险水平划分为 5 个等级(取 $m=5$),分别为"低、较低、一般、较高、高"。其安全性取值分别为 [90,100]、[80,90]、[70,80]、[60,70]、[50,60]。运用层次分析法,确定各个风险指标的相对权重,具体见表 5-5。通过对专家打分的结果进行整理,然后求取代数平均值,得出单项指标的实际得分,见表 5-6。

表 5-6　安全风险评价指标得分

一级指标	二级指标	得分
人员风险(V_1)	生理状况(V_{11})	92.5
	文化程度(V_{12})	78.4
	操作能力(V_{13})	86.2
	心理素质(V_{14})	90.5
	应急能力(V_{15})	85.4
	工作态度(V_{16})	94.0
装备风险(V_2)	装备可靠性(V_{21})	88.5
	装备适用性(V_{22})	89.3
	装备完备程度(V_{23})	84.6
	装备易操作性(V_{24})	90.5
	装备维护质量指数(V_{25})	92.7
环境风险(V_3)	自然环境(V_{31})	92.3
	作业环境(V_{32})	85.6
	电磁环境(V_{33})	80.5
	社会环境(V_{34})	94.2
管理风险(V_4)	组织结构合理性(V_{41})	93.3
	组织指挥水平(V_{42})	91.6
	规章制度(V_{43})	87.0
	教育培训(V_{44})	86.5
	监督机制(V_{45})	85.4
	安全文化(V_{46})	74.8

2. 确定经典域

以人员风险为例,根据上文所分安全级别,可用以下五个矩阵表示导弹装备技术保障经典域:

$$R_{o1} = \begin{bmatrix} 低 & 生理状况 & [90 & 100] \\ 低 & 文化程度 & [90 & 100] \\ 低 & 操作能力 & [90 & 100] \\ 低 & 心理素质 & [90 & 100] \\ 低 & 应急能力 & [90 & 100] \\ 低 & 工作态度 & [90 & 100] \end{bmatrix}, R_{o2} = \begin{bmatrix} 较低 & 生理状况 & [80 & 90] \\ 较低 & 文化程度 & [80 & 90] \\ 较低 & 操作能力 & [80 & 90] \\ 较低 & 心理素质 & [80 & 90] \\ 较低 & 应急能力 & [80 & 90] \\ 较低 & 工作态度 & [80 & 90] \end{bmatrix},$$

$$R_{o3} = \begin{bmatrix} \text{一般} & \text{生理状况} & [70 & 80] \\ \text{一般} & \text{文化程度} & [70 & 80] \\ \text{一般} & \text{操作能力} & [70 & 80] \\ \text{一般} & \text{心理素质} & [70 & 80] \\ \text{一般} & \text{应急能力} & [70 & 80] \\ \text{一般} & \text{工作态度} & [70 & 80] \end{bmatrix}, R_{o4} = \begin{bmatrix} \text{较高} & \text{生理状况} & [60 & 70] \\ \text{较高} & \text{文化程度} & [60 & 70] \\ \text{较高} & \text{操作能力} & [60 & 70] \\ \text{较高} & \text{心理素质} & [60 & 70] \\ \text{较高} & \text{应急能力} & [60 & 70] \\ \text{较高} & \text{工作态度} & [60 & 70] \end{bmatrix},$$

$$R_{o5} = \begin{bmatrix} \text{高} & \text{生理状况} & [50 & 60] \\ \text{高} & \text{文化程度} & [50 & 60] \\ \text{高} & \text{操作能力} & [50 & 60] \\ \text{高} & \text{心理素质} & [50 & 60] \\ \text{高} & \text{应急能力} & [50 & 60] \\ \text{高} & \text{工作态度} & [50 & 60] \end{bmatrix}$$

3. 确定节域

根据定义可知,该体系的节域为

$$R_v = \begin{bmatrix} \text{安全等级} & \text{生理状况} & [50 & 100] \\ \text{安全等级} & \text{文化程度} & [50 & 100] \\ \text{安全等级} & \text{操作能力} & [50 & 100] \\ \text{安全等级} & \text{心理素质} & [50 & 100] \\ \text{安全等级} & \text{应急能力} & [50 & 100] \\ \text{安全等级} & \text{工作态度} & [50 & 100] \end{bmatrix}$$

4. 确定待评物元

以人员风险为例,可得待评物元为

$$R_v = \begin{bmatrix} \text{人员风险} & \text{生理状况} & <92.5> \\ \text{人员风险} & \text{文化程度} & <78.4> \\ \text{人员风险} & \text{操作能力} & <86.2> \\ \text{人员风险} & \text{心理素质} & <90.5> \\ \text{人员风险} & \text{应急能力} & <85.4> \\ \text{人员风险} & \text{工作态度} & <94.0> \end{bmatrix}$$

5. 计算关联度

将有关数据代入关联度计算公式中,得到各个评价因子对于各等级的关联度。

以人员风险为例,具体计算结果见表5-7。

表5-7 人员风险关于各等级的单指标关联度

指标	K_{1i}	K_{2i}	K_{3i}	K_{4i}	K_{5i}
生理状况(V_{11})	0.0012	0.0429	0.0400	-0.4188	-0.6748
文化程度(V_{12})	-0.2251	0.4154	0.2880	-0.2923	-0.6461
操作能力(V_{13})	0.0861	0.1537	0.2667	-0.3595	-0.5997
心理素质(V_{14})	-0.1513	0.0615	0.4000	-0.3783	-0.6120
应急能力(V_{15})	-0.1589	0.1996	0.2500	-0.3466	-0.6733
工作态度(V_{16})	-0.1749	0.2537	-0.3595	-0.2736	-0.7236
人员风险(V_1)	-0.0708	0.3923	0.1311	-0.1383	-0.6394

余下类推。

6. 进行一级评价

将得到的值代入公式进行一级评价,可得

$$
\begin{bmatrix}
K_{11}(V_1) & K_{12}(V_2) & K_{13}(V_3) & K_{14}(V_4) \\
K_{21}(V_1) & K_{22}(V_2) & K_{23}(V_3) & K_{24}(V_4) \\
K_{31}(V_1) & K_{32}(V_2) & K_{33}(V_3) & K_{34}(V_4) \\
K_{41}(V_1) & K_{42}(V_2) & K_{43}(V_3) & K_{44}(V_4) \\
K_{51}(V_1) & K_{52}(V_2) & K_{53}(V_3) & K_{54}(V_4)
\end{bmatrix}
$$

$$
=
\begin{bmatrix}
-0.0708 & 0.1214 & -0.3587 & -0.4321 \\
-0.3923 & 0.2381 & -0.3812 & -0.4884 \\
0.1311 & -0.0242 & -0.1819 & -0.4723 \\
-0.1383 & 0.4135 & -0.2936 & -0.5247 \\
-0.6394 & 0.3129 & -0.2481 & -0.4043
\end{bmatrix}
$$

7. 进行二级评价

将数据代入公式进行二级评价,求得各类等级的关联度。

$$
\begin{bmatrix}
K_1(V) \\
K_2(V) \\
K_3(V) \\
K_4(V) \\
K_5(V)
\end{bmatrix}
=
\begin{bmatrix}
-0.1254 \\
0.2089 \\
-0.3272 \\
-0.4816 \\
-0.6291
\end{bmatrix}
$$

很显然,0.208最大,故由最大隶属的原则可知,该部队参加此次实弹演练任务的安全风险等级应该评为"较低"。说明执行此次实弹演练任务技术保障存在一定的安全风险,但是这种程度的安全风险对任务的开展影响有限。

5.4 导弹装备技术保障安全风险评价举例

对于导弹装备技术保障活动来说,涉及的人员、装备、任务、环境等不尽相同,应全面考虑各种影响因素,根据具体特点进行安全风险评价。这里主要从人员、装备、环境等方面着眼进行分项评价作为例子。

1. 保障人员自身素质和自身行为风险的评价

人是装备使用过程中的主体,大多数的风险与人的因素密切相关。

(1)人员的思想素质和道德品质差。人员的思想素质和道德品质是人员因素最主要的方面,造成的风险也是最致命的。例如,破坏或者损坏装备,偷、盗、泄密等其他案件事故。对此风险的判断结论为:发生概率为"极小",危害程度为"高",风险等级为"重大"风险。

(2)人员的专业素质差,执行能力弱。专业素质达不到要求,责任心不强,精力不集中等因素导致操作失误。对此风险的判断结论为:发生概率为"中等",危害程度为"低",风险等级为"一般"风险。

(3)标准程序不明确或不可行。有关装备使用的操作程序和方法制定得不够清晰或不够简单明了,可能引起操作人员错误的理解和执行,导致操作失误,特别是整体行动时,会导致整个任务的失败和造成事故。对此风险的判断结论为:发生概率为"中等",危害程度为"低",风险等级为"一般"风险。

(4)不按制度办事,违反操作规程。主要是指在装备日常使用过程中,操作人员违反法规制度,不按规程和要领操作,不重视装备使用环境,从而导致事故的发生,造成人员受伤和装备损坏,如车辆使用时,私自改变行驶路线、非驾驶员驾车、车速太快等。对此风险的判断结论为:发生概率为"中等",危害程度为"高",风险等级为"较大"风险。

2. 装备使用管理风险的评价

(1)带故障使用。使用前对装备检查不仔细,装备带故障作业,有的明知装备有故障,不及时排除,继续使用,使装备带"病"作业,导致发生事故。对此风险的判断结论为:发生概率为"中等",危害程度为"高",风险等级为"较大"风险。

(2)选用装备不当。对执行的任务不熟悉,对装备的性能不了解,在执行任务时,使用装备的型号、种类、规格不对,造成安全事故。对此风险的判断结论为:发生概率为"小",危害程度为"中",风险等级为"较大"风险。

(3)装备维护保养不及时,不到位。重使用轻保养,重操作轻维护,导致装备性能下降,在操作中易出现故障或发生事故。对此风的判断结论为:发生概率为"大",危害程度为"低",风险等级为"一般"风险。

(4)保管不善造成装备丢失。装备出入库手续不正规,登记统计不及时,责任不明确,检查不经常,导致装备丢失。对此风险的判断结论为:发生概率为"极小",危害程度为"中",风险等级为"一般"风险。

3. 装备保障风险的评价

使用装备不及时,装备数量不足、型号、种类不对,使用方法不正确,导致装备损坏、人员伤亡。对此风险的判断结论为:发生概率为"小",危害程度为"中",风险等级为"较大"风险。

4. 自然环境风险的评价

造成装备日常使用风险的环境因素主要是气候环境、地形、电磁环境、噪声、植被等等。如果选择在不当的环境中使用装备,就会产生各种各样的风险。

(1) 大雨、洪水、高湿度。雾、云致使能见度降低,电器设备中水气凝结造成短路。对此风险的判断结论为:发生概率为"小",危害程度为"低",风险等级为"一般"风险。雨水、潮湿引起车轮磨擦力降低,造成车辆打滑和失控,水淹装备,洪水冲走装备。对此风险的判断结论为:发生概率为"极小",危害程度为"高",风险等级为"较大"风险。

(2) 干燥。容易产生灰尘、静电,从而引起导弹作业场所的火灾、爆炸。对此风险的判断结论为:发生概率为"小",门危害程度为"中",风险等级为"较大"风险。

(3) 雷电。对缺乏屏蔽的电子设备造成电磁干扰:造成在闪电放电途径上的电路与设备过载,电器设备被击毁,人员伤亡或引发火灾。对此风险的判断结论为:发生概率为"极小",危害程度为"高",风险等级为"较大"风险。

(4) 高温。金属与密封物融化,电子设备可靠性降低,容易造成起火。对此风险的判断结论为:发生概率为"小",危害程度为"高",风险等级为"重大"风险。

5. 社会环境风险的评价

首先是当地居民的受教育程度、科技水平、道德观念、宗教信仰、价值观念、法制意识、风俗习惯等对导弹装备技术保障活动造成一定风险。

(1) 居民的受教育程度低、道德观念差、法制意识淡薄等,容易造成装备被盗、破坏。对此风险的判断结论为:发生概率为"极小",危害程度为"高",风险等级为"较大"风险。

(2) 不了解当地的宗教信仰、风俗习惯,容易发生军民纠纷;发生事故处理不当,容易引发军民纠纷的风险;复杂的社会环境,容易造成泄密的风险;当地社会治安状况和骚乱等事件,对装备日常使用也存在较大的风险。对此风险的判断结论为:发生概率为"极小",危害程度为"高",风险等级为"较大"风险。

需要说明的是,在以上阐述中,所做的导弹装备技术保障安全风险评价,虽然都是从实际出发的,但在实际任务过程中只能作为参考,不能照搬照套。因为部队在进行导弹装备技术保障安全风险评估时的工作是十分复杂的,必须一切都要根据当时当地的具体情况进行分析和判断。

小　结

本章首先介绍了导弹装备技术保障安全风险评价的原则、内容、流程等基本知识,然后介绍了导弹装备技术保障安全风险评价指标体系构建的原则、流程、指标信息数据的处理等内容,重点介绍了导弹装备技术保障安全风险评价的方法,并对模糊层次评价法和多级物元分析方法的应用进行了详细说明。

思考题和习题

1. 简述导弹装备技术保障安全风险评价的主要内容。
2. 分析导弹装备技术保障安全风险评价的流程。
3. 分析导弹装备技术保障安全风险评价指标体系构建的流程。
4. 导弹装备技术保障安全风险评价通常采用哪些方法? 各有什么优缺点?
5. 分析模糊层次评价方法的应用过程。
6. 简述多级物元分析法的基本原理。
7. 分析多级物元分析方法的使用过程。

第6章 导弹装备技术保障安全风险控制

就安全风险而言,任何装备技术保障活动没有绝对安全的。因此,对于导弹装备技术保障来说,对其进行安全风险分析与评价之后,当安全风险的可接受性被认为是不期望的或不可接受的时候,就需要采取控制措施,降低、避免安全风险事件的发生,或减少安全风险事件造成的影响。

6.1 概 述

安全风险控制是根据安全风险评价的结果对安全风险事态进行事前处理及过程控制的过程。广义的安全风险控制,包括安全风险决策和安全风险监控两部分。安全风险决策是根据安全风险评价的结果,从安全风险对策中选定合适的对策处置风险;安全风险监控是指对潜在的安全风险事态进行检测,并适时启动有关安全风险控制措施的过程。狭义的安全风险控制,包括安全风险控制策略和安全风险控制措施两部分。安全风险控制策略就是如何运用多种技术工具和手段来减小、分散和转移安全风险。安全风险控制措施是确保安全风险控制策略得以实施的政策、具体方法和程序。本书中的导弹装备技术保障安全风险控制,就是狭义的安全风险控制。

导弹装备技术保障安全风险控制,就是在安全事故发生前全面地消除事故发生的根源,并竭力减少导致事故发生的概率,在事故发生后减轻人员和装备损失的严重程度。安全风险控制的基本内容主要包括两方面:一是在安全事故发生之前,全面地消除事故发生的根源,尽量减少事故发生的概率;二是在安全事故发生之后努力减轻损失的程度。

6.1.1 导弹装备技术保障安全风险控制的原则、任务与流程

6.1.1.1 安全风险控制的原则
导弹装备技术保障安全风险控制,应遵循以下原则。

1. 前瞻性原则
前瞻性安全风险管理通过制定计划、实施控制可以最大程度地降低导弹装备技术保障安全风险发生的可能性。有效的前瞻性方法可显著减少将来发生安全事

件的数量。当然,这并不意味着完全放弃对安全事件的及时响应。因此,应继续改善导弹装备技术保障安全事件响应流程,同时制定长期的前瞻性方法。

2. 独立性原则

设置安全风险管理机构并与其他机构保持相互独立,直接向最高决策层负责,保证内部控制机构的独立性和权威性。

3. 协调与效率原则

保证机构之间权责划分明确、清晰,便于操作;信息沟通方便、快捷,准确无误;安全管理系统的高效运作。

4. 相互牵制原则

一项完整的安全风险控制活动,必须分配给具有互相制约关系的两个或两个以上的岗位分别完成。其理论根据是在相互牵制的关系下,几个人发生同一错弊而不被发现的概率是每个人发生该项错弊概率的连乘积,因而将降低误差率。

5. 授权控制原则

应该将导弹装备技术保障安全风险控制机构根据各岗位业务性质和人员要求,相应地赋予作业任务和职责权限,规定操作规程和处理手续,明确纪律规则和检查标准,以使职、责、权、利相结合。

6. 成本效益原则

贯彻成本效益原则,即要求在实行导弹装备技术保障安全风险控制活动上影响任务的程度和由此而产生的效益之间保持适当的比例,对各安全风险控制方案的效益进行比较,选取最优的控制措施。

7. 动态控制原则

危险点不应局限在人身安全方面,应该做到人身、设备和系统安全并重,尤其是导弹装备技术保障涉及弹药、机械设备、电气设备、车辆等众多保障要素,每一个节点发生意外都可能对导弹装备技术保障产生影响并引发次生事故。危险点不是一成不变的,在此时不是危险点,在彼时则可能由于条件变化变成危险点。因此,应该不断调整控制思路和方法,适时、适地、准确地对危险点进行动态控制。

8. 分层控制原则

危险点有大小、轻重、缓急之分,控制难度也不一样,所以危险点控制工作应分层次进行。对单位、部门、中(分)队、个人应分别明确控制重点和落实责任,达到各有侧重、层层把关,形成严密的控制网络。如在执行任务前要求保障单位对作业环境、人员状况、装备状态等事项进行深入调查研究,通过讨论提出可能存在或产生的危险点和控制措施,分别送上级有关部门审核批准等。

6.1.1.2　安全风险控制的任务

安全风险控制的任务是根据安全风险评价的结果提出并实施安全风险控制方案。安全风险控制的目的,一是降低事故发生的频率,二是减少事故的严重程度。

对于导弹装备技术保障,其安全风险控制主要有两方面任务:

1. 事故预防

事故预防是指采取各种预防性手段和技术措施,最大限度地消除或减小可能引起事故的各种潜在因素。事故预防有两种方式:一种为工程物理法,其理论依据是哈顿的能量释放说,主要侧重于防范事故发生的物质因素,该方法可采取的措施包括防止危险因素产生,减少已存在的危险因素,隔离危险因素存在的时间和空间,改善危险因素的基本性质,加强风险单位防护能力等;另一种为人的行为法,其理论依据是海因里希的事故因果连锁论,主要侧重于规范引发事故的人的行为,该方式采取的措施包括进行安全思想教育,加强技术和操作规程的培训,远离危险等。

2. 事故抑制

事故抑制是指在事故正在发生或者已经结束的时候,实施安全管理计划中各种预定的规避手段来减少损失的程度,并采取事故后的救助措施。事故抑制的手段除了预定的规避措施之外,还应用根据实际情况确定的权变措施。在损失发生后,可采取的控制损失措施为:预防新的危险源的产生;减少构成危险源的因素;防止已存在的危险扩散;降低危险扩散的速度,限制危险空间;在时间和空间上将危险和保护的对象隔离;借助物质障碍将危险与被保护对象隔离;增强被保护对象抵抗风险的能力;迅速处理环境危险已经造成的危害。导弹装备技术保障安全风险控制主要侧重于事故预防方面。

6.1.1.3　安全风险控制的流程

1. 从组织实施上来看

导弹装备技术保障安全风险控制过程,如图 6-1 所示。主要包括以下几个步骤:

（1）集中考虑需要控制的安全风险区域,确定需要控制的安全风险;

（2）根据选定的安全风险类型,分析安全风险控制策略,设定安全风险承受程度;

（3）结合导弹装备技术保障任务,选择安全风险控制策略;

（4）运用多种考察、验证手段,听取多方意见,评价安全风险控制策略的效果;

（5）根据安全工作有关要求,判断剩余安全风险是否在接受范围之内,否则,要分析、设计安全风险控制策略;

（6）在安全风险控制策略框架下,研究具体的安全风险控制措施,形成实际可用的安全风险控制方案;

（7）在任务开始前或任务执行过程中,实施安全风险控制;

（8）任务完成后,进行安全风险控制的监督和评审工作。

选择需要控制的安全风险

分析风险控制策略，设定风险承受程度

选择风险控制策略

评价风险控制策略的效果

剩余的风险

是否产生新的风险

风险是否能接受

否

是

否

不考虑

是

研究风险控制措施，形成风险控制方案

实施风险控制

风险控制的监督与评审

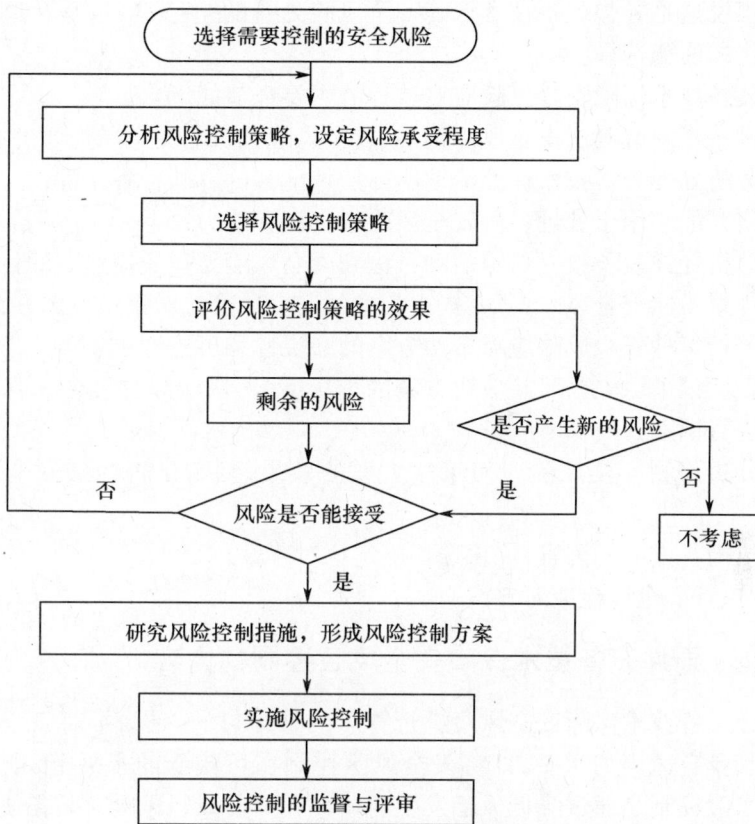

图 6－1　安全风险控制过程

2. 从技术实现来看

导弹装备技术保障安全风险控制过程一般表现为根据风险识别、分析和评价的结果，分析保障任务、保障环境、保障资源等各种条件，研究保障活动可利用的资源和能力，分析安全风险处理后应达到的目标，提出安全风险应对策略。导弹装备技术保障安全风险控制应坚持"先防范、后规避、再应对"的"三步走"原则。防范就是采取针对性措施防止风险发生；规避就是对于不能防范或防范无效的风险，力求避开；应对就是对于既不能防范（或防范无效）又不能规避（或规避无效）的风险，采取针对性措施，力求将风险造成的危害降至最低。也就是说，对于导弹装备技术保障中的安全风险，首先采取防范的措施，这是安全风险处置的"上上策"；对于防范无效和客观上无法防范的导弹装备技术保障安全风险，再采取规避的措施，即躲避开必定要发生的风险，以防止造成损失。因而这是导弹装备技术保障安全风险处置的"上策"。在此前提下，对于规避无效和客观上无法规避的导弹装备技术保障安全风险，则要采取有效措施，积极进行应对，力求把不可避免的损失降至最低。应当说这是导弹装备技术保障安全风险处置的"良策",也是在迫不得已的情况下所作的明智选择。

导弹装备技术保障安全风险应对过程的主要环节如下：

（1）进一步理解确认安全风险识别、安全风险分析与安全风险评价的结果；

（2）分析导弹装备技术保障活动所处的外部和内部的各种条件；

（3）研究能够用于处理各种安全风险的资源和能力；

（4）分析导弹装备技术保障活动目标和安全风险处理后应达到的目标；

（5）针对不同安全风险，研究提出相应的安全风险应对策略备选方案；

（6）分析每种安全风险应对策略方案的必要性和可行性；

（7）在假设采取安全风险应对方案的情况下，再次对导弹装备技术保障活动安全风险进行识别、分析和评价；

（8）分析预测安全风险应对策略方案的效果，判断是否达到安全风险处理要求；

（9）权衡各方面的因素，优化选择确定应对方案；

（10）执行安全风险应对方案。

6.1.2 导弹装备技术保障安全风险控制的内容

对导弹装备技术保障安全风险进行管理的最终目的，是为了对安全风险进行处理并使其具有适当的水平，即将安全风险控制在可接受的水平上，顺利完成任务。安全风险控制是通过降低风险发生的概率和尽量减轻风险对装备使用活动过程的影响来控制风险的。导弹装备技术保障安全风险控制包括风险管理过程中的分析风险控制、制订风险控制决策、实施风险控制和风险的监督与评审四部分，如图 6 - 2 所示。

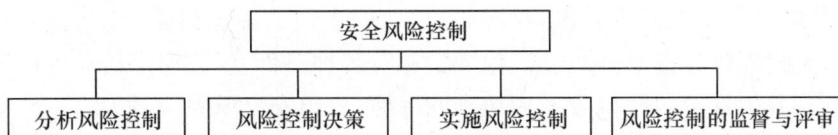

图 6 - 2 安全风险控制的内容

6.1.2.1 分析安全风险控制

根据装备、人员状况、外部环境等因素，围绕部队任务的最高目标，确定安全风险可接受度、风险管理的有效性标准，以及安全风险管理所需人力和物力资源的配置原则。应根据不同任务特点，统一确定安全风险接受度，即能够接受哪些风险，明确风险的最低限度和不能超过的最高限度，并据此确定相应采取的对策。确定安全风险接受度，要正确认识和把握安全风险与收益的平衡。

分析安全风险控制主要有确定风险控制选项、确定风险控制效果、风险控制的优先排序三项主要工作。

（1）确定安全风险控制选项。根据最高风险最优先处理的原则，提出全面性的风险控制选项。从最高风险开始，根据风险接受准则，对系统内存在的安全风险事件进行分析，提出尽可能多的风险控制措施。

（2）确定安全风险控制效果，即分析每项风险控制措施的作用效果。对于每类级别的风险源采取安全风险控制策略时，应能够：①预防执行任务过程中产生的危险和危害因素；②排除工作场所的危险和危害因素；③处置危险和危害物并减低到规定的限值内；④预防装备或设备失灵和操作失误产生的危险和危害因素；⑤发生意外事故时能为遇险人员提供自救条件的要求。

（3）安全风险控制的排序。对那些将风险降低到可接受的水平的控制措施进行优先排序。风险分级办法（标准）的确定应根据任务性质、上级要求和风险控制情况确定，任务时效性要求高、风险控制得力和危险源风险度相对较小的通常定为一般风险加以控制；反之则应将风险度相对较大的定为较高风险进行控制，但违法、违规的、危及人身安全和会造成装备重大损坏的必须列入重大风险予以控制。

6.1.2.2 安全风险控制决策

依据任务性质与有关安全要求，结合任务承担单位实际情况，决策人员选择最佳的安全风险控制决策。在正确的时间内下达安全风险控制决策至适当的人，并给予适当支持。对于不可容许风险，需采取相应的风险控制措施来降低风险，使其达到可容许程度；对于可容许风险，则应继续保持相应的风险控制措施，并不断监视，以防其风险变大至不可容许范围。另外，对于极低风险和得到合理控制的风险，其有效性靠日常监测得以保证。对于控制不当的风险，应提出进一步的控制措施。对于极高风险，应立即禁止工作。对于高风险，在控制措施完成前，有必要停止或限制该工作。对于中等风险，可依据具体情况作出决定。

安全风险控制决策主要包括两个方面：第一，选出可用的风险控制措施；第二，在采取了控制措施后，决定是否接受任务中的残留风险。

1. 确定安全风险控制策略

根据安全风险控制分析的结果，确定安全风险控制策略。

安全风险控制策略主要有风险缓解、风险自留、风险规避和风险转移四种。风险缓解是指降低风险发生的可能性或减少后果的不利影响；风险自留又称风险承担或风险接受，是指当某种风险不能避免而自身有能力承担此风险时，风险管理主体有意识地选择承担风险后果；风险规避是指当风险潜在的威胁太大、不利后果也太严重又无其他策略可用时，主动放弃或改变目标与行动方案，从而规避风险的一种策略；风险转移是指为避免承担风险的责任以及由此造成的损失，有意识地将风险导致的损失通过合同或协议的方式转移给第三方。扩展开来，主要有以下几个方面：

1）拒绝风险

如果风险的总成本超过了它的任务风险的收益,我们可以也应该拒绝冒险。例如,一名使用计划人员可能评审与一种特定类型的装备使用过程有关的风险。经过评估这个过程的所有优势和评价与之相关增长的风险,甚至应用了所有可能的风险控制措施后,判定收益没有超过预期的风险成本,部队单位最好不要进行这一过程。

2）消除风险

消除风险需要取消或推迟工作、任务或操作,但是由于任务的重要性,这个选项很少得到应用。然而,消除特殊的风险是可能的,例如:与夜间操作相关的风险也许可以通过计划白天操作而消除;地形的风险可以通过改变训练路线而消除。

3）延迟风险

延迟风险是可能的。如果没有最终期限时间或快速完成风险性任务带来的其他操作好处,那么推迟接受风险通常是合适的。在延迟期间,情形可能改变,接收风险的需求可能就不存在了。风险延迟期间,额外的风险控制选项可能因为某种原因(资源、新技术等)变得可以用来控制风险,因此减轻整个风险。例如,指挥员要求针对某项特殊任务完成一个特定的风险性的紧急行动训练。如果所有的事情是平等的,把这项训练安排在任务准备周期相对靠后的阶段是一个好的办法。任务可能取消或改变,这项训练就不需要了。

4）转移风险

转移风险不改变危险的可能性或严重性,但它可能减少个人或组织为完成任务或活动而实际经历的风险的可能性或严重性。作为最小的,个人或组织最初的风险极大地减少或消除,因为可能的损失或成本都转移到了另一个实体。比如,决定在高风险环境中使用自动化的仪器设备取代人执行任务,降低人的风险。

5）风险分散

风险一般可以通过增加暴露的距离或延长暴露事件之间的时间来实现风险分散。金属箔、照明弹和假目标向敌方武器提供额外的目标,有效地分散飞机受到攻击的风险。飞机分散停放,那么一架飞机的爆炸或失火不会传播到其他飞机。风险也可以通过轮换高风险下的操作人员分散到一组人员上。

6）风险补偿

在某些特殊的情况中,可以建立冗余的能力。装备控制冗余是工程或设计冗余的一个实例。另外的一个例子是,备用的计划。当装备的关键性部件或其他任务资源被损坏或消灭时,还有能力继续完成任务。

7）降低风险

降低风险是指将风险的发生可能性或后果严重性降低到某一可以接受的程度。它不能消除风险,而只能减轻风险。在制定降低风险措施时,要确定风险降低后的可接受水平。至于将风险具体减轻到什么程度,这主要取决于具体情况、任务的要求和对风险的认识程度。在实施风险降低措施时,应尽可能将每一个具体风险减轻至可接受水平,从而降低总体风险等级。

2. 选择安全风险控制措施

针对每项风险,选择那些能把风险降低到一个可接受的水平的控制措施。最好的控制是能与任务的目标一致,而且能实现资源的最优利用。

选择安全风险控制措施时,要仔细地评价各种不同的风险控制措施选项对任务的影响。最有效的安全风险控制措施可能对任务的其他方面产生严重的负面作用。选择安全风险控制措施的目的是选出对任务的整体最有利的控制措施。

3. 做出安全风险控制决策

要确实考虑所有危险的累积风险和决策的长期效果,确定该任务的收益是否胜过所承担的风险。最大程度地包含受到安全风险控制影响的人员和装备。

在正确的时间做出风险决策。尽量在最后时刻做出决策,可为分析和评价危险和风险提供更多时间;但也不能太迟,以便将安全风险管理有效地整合到任务过程。

在正确的级别做出风险决策。正确的级别是指能对安全有关的问题做出最好判断的级别。

6.1.2.3 实施安全风险控制

做出了安全风险控制决策后,就需要制定实施策略并由工作人员来贯彻实施。安全风险控制的实施需要时间和资源的投入。实施安全风险控制,首先要提前做好以下三个方面工作:

(1)使实施的问题清晰:提供一个实施路线图,描述成功的实施情况。控制措施必须依照一定的方法展开,确保能被工作人员积极接受。

(2)确定责任:责任是安全风险管理的一个重要方面。负责人就是决策者。因此,必须由正确的人员做决策。同样,要清楚由谁负责本级别的安全风险控制措施的实施。

(3)提供保障:上级或管理部门必须支持控制措施的实施。在实施控制措施之前,要获得相当级别的领导批准,提供实施控制措施所需的人员和资源。

实施安全风险控制的过程,如图6-3所示。机构、个人必须对他们采取的风险决策和行动负有责任。好的责任是通过有效的责任系统的发展和奖励与正确行动之间的传递创建的。

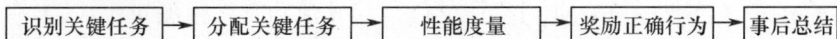

识别关键任务 → 分配关键任务 → 性能度量 → 奖励正确行为 → 事后总结

图6-3 实施模型

(1)识别关键任务。根据已证明有效的责任,确定关键任务是重要的。每项任务需要得到充分准确的说明,工作人员知道他们被期望做什么和他们如何进行所需的安全风险控制。这样明显地提高了实施过程的剩余部分的容易程度。

（2）分配关键任务。工作人员要明确知道他们被期望做什么，尤其是他们将对工作负责任。任务可能包含在工作说明、操作指令或手册指南中的任务程序中。它可以有效地包含在训练当中。在非结构化的情况下，也可以是清楚的口头命令或指示。

（3）性能度量。任务需要包含至少一个基本水平的度量。度量不需要包括每次的行为。实际上，经常在大量的行动中抽取一个样品，或许在几百个行动中抽取一个，抽样是日常行为的一个随意的实例。在其他情形中，监督人员或外部的审查人员可能需要观察。

（4）奖励正确行为。重点无疑应放在强化巩固正确的行为上。"强化、巩固"就是任何增加人员再次完成所需行为的概率。可以是非正式的口头表扬或鼓励，也可以是正式的奖励或物质激励。观察或察觉到不合适的行为，随时就加以改正。只有在其他所有的保证所需行为的方法都失败后，才能使用惩罚这一手段。

（5）事后总结。根据任务完成情况，分析哪些控制决策、措施和行为是有效的，在以后的工作中进一步加强；对于任务完成过程中暴露出来的安全风险，研究制定安全风险控制策略、措施和实施办法，避免在以后的工作中出现此类安全问题。

通常情况下，安全风险控制按照以下几个步骤实施：

（1）制定具体安全风险防控措施，完善保障方案和应急处置预案；

（2）对有关人员进行安全教育和培训；

（3）加强导弹装备、设备、设施的检查、监控和维护；

（4）针对导弹装备技术保障任务不同阶段，区分安全风险类别和等级，控制和排除安全风险因素，避免安全风险暴露；

（5）监督各项安全制度和安全风险防控措施的落实；

（6）评价安全风险控制措施的有效性，并进行持续改进和完善。

实现风险控制的途径，通常有以下四种：

（1）制定适宜的安全风险控制目标；

（2）制定确实可行的安全风险控制方案，消除或控制不能承受的安全风险；

（3）严格按要求进行运行安全风险控制，加强并规范管理，用于控制正常活动中的重大安全风险；

（4）搞好应急准备与响应，主要控制紧急、异常和突发性的重大风险。

6.1.2.4　安全风险控制的监督与评审

安全风险控制是持续于任务的整个过程。控制措施开始实施后，人员必须确保控制措施的持续性，必须周期性地对该过程进行再评估以确保有效性。

（1）监督：确保控制措施是有效的而且一直在起作用，那些需要进一步进行安全风险控制的变化已得到识别。在任何时候,当人员、装备、任务要发生变化或在某一环境中有新的任务,并且这些变化没有包含在初始安全风险管理分析中时,应该对安全风险和控制措施进行再评价。

（2）评审:在资源用于控制安全风险之后,必须进行"成本与收益"评审以确定风险收益和成本是否处于平衡状态。

（3）反馈:建立反馈,以确保所采取的安全风险控制策略和措施是有效的。反馈就是告知有关人员实施过程是如何工作以及控制措施是否有效等信息。反馈机制将提供有关风险控制措施"是否实现既定目标"的信息。

6.1.3　安全风险的控制方式

导弹装备技术保障安全风险的控制,通常从技术控制、人行为控制和管理控制三方面进行。

1. 技术控制

采用技术措施对固有安全风险源进行控制,主要技术有消除、控制、防护、隔离、监控、保留和转移等。重点是对主要操作过程的控制,重点控制那些对安全有直接影响并至关重要的操作。还要加强作业现场的监督检查。要对作业过程中的各个要素、各个环节、各个阶段进行检查和制约,及时发现并纠正作业中出现的各种偏差,寻找各种对作业安全产生不利影响的现实因素或潜在因素,以预防、阻止各种错误和偏差的产生和出现,做到防患于未然。因此,监督机制的建立必不可少,首先是自查机制,即通过个人的自我约束和自我检查,对自己的行为和作业环境进行纠偏和控制;其次是互查机制,即通过同一分队（组）成员间的相互监督检查,以实现对作业过程的控制;再次是异体监督机制,即将作业实施职能与监督职能相对分离,通过设立专职监督员的形式对作业各个环节进行监督,督促落实各项作业安全措施。

2. 人行为控制

控制人为失误,减少人的不正确行为对安全风险源的触发作用。这就首先需要做好人员的培训工作:一是要重视专业知识的学习;二是要重视实际操作的训练;三是要注重作业人员的安全心理教育,将那些外在的强制性规范、法规、标准、措施转化为作业人员内在的安全信念、安全习惯。

3. 管理控制

管理控制主要包括以下几点:

（1）建立健全安全风险源管理的规章制度。风险源确定后,在对风险源进行系统危险性分析的基础上建立健全各项规章制度,包括岗位安全作业责任制、风险源重点控制实施细则、安全操作规程、操作人员培训考核制度、日常管理制度、交接制度、检查制度、信息反馈制度、危险作业审批制度、异常情况应急措施、考核奖惩制度等。

（2）明确责任、定期检查。应根据各风险源的等级，分别确定各级的负责人，并明确他们应负的具体责任。特别是要明确各级风险源的定期检查责任。对风险源的检查要对照检查表逐条逐项，按规定的方法和标准进行，并作记录。如发现隐患则应按信息反馈制度及时反馈，使其及时得到消除。专职安全技术人员要对各级人员实行检查的情况定期检查、监督并严格进行考评，以实现管理的无缝连接。

（3）加强风险源的日常管理。要严格要求作业人员贯彻执行有关风险源日常管理的规章制度。所有活动均应按要求认真做好记录。

（4）抓好信息反馈、及时整改隐患。要建立健全风险源信息反馈系统，制定信息反馈制度并严格贯彻实施。对检查发现的事故隐患，应根据其性质和严重程度，按照规定分级实行信息反馈和整改，作好记录，发现重大隐患应立即向安全技术部门报告。信息反馈和整改的责任应落实到人。安全技术部门要定期收集、处理信息，及时提供给监管部门研究决策，不断改进风险源的控制管理工作。

（5）加强设备维护和修理的监督检验，及时安排设备的定期检验工作，以确保设备的正常运转。

6.1.4　安全风险控制的途径

科学地控制和把握导弹装备技术保障安全风险，可以切实保证导弹装备技术保障活动有序进行，使之成为保障任务顺利完成的助推器。控制导弹装备技术保障安全风险可采取以下三种途径。

1. 目标控制

根据导弹装备技术保障活动的期望目标，合理确定导弹装备技术保障活动安全风险的允许值。具体体现步骤如下：

（1）量化导弹装备技术保障安全风险。从目前情况看，大致可采取以下三种形式：第一种是试验分析。就是对导弹装备在不同条件下的试验结果进行综合分析，特别是运用适当的数学知识进行统计分析，以得出相应的风险值。这种形式准确性较高，但由于试验数据量较大，因而相应代价较高，个别项目由于各种因素还可能无法进行试验；第二种是模拟计算。就是运用计算机模拟导弹装备在各种条件下的使用情况，以得出相应的风险值。这种形式具有较高的准确性，代价也相对较低，但技术要求高，实现难度大；第三种是经验统计。就是对过去训练实践中导致风险产生的各种因素进行归纳统计，从而得出相应的风险值。这种形式代价很低，但由于统计所需的样本有限，统计的结果准确性不高，适用性较差。在实际操作中，可以以其中一种形式为主，以其他形式相印证，这样就可以得出比较准确可靠的导弹装备技术保障安全风险值。

（2）划定导弹装备技术保障安全风险值的允许临界区间。通过对技术保障安全风险的量化,我们可以发现在某一项目的风险值中,存在着一个区间,在此区间内,不仅技术保障安全风险的大小可以为人们所接受,而且相对应的技术保障过程和效率也可以达到人们理想的程度。我们把这一区间称为技术保障安全风险值允许临界区间。导弹装备技术保障主管部门应制定一个包含所有装备类型、各种保障科目、各种复杂情况的风险临界区间表,并对相应的技术保障任务和保障难度及客观条件予以明确,从而为导弹装备技术保障活动提供具有法规意义的依据。

（3）根据导弹装备技术保障的期望目标合理确定实际接收的风险源。按照技术保障的一般规律,保障任务决定保障内容和保障过程,进而决定技术保障难度和强度。因此,我们可以根据技术保障活动的期望目标程度在相应的风险临界区间内合理地确定一个实际可承受的风险值。目标期望值高,一般可以取风险临界值区间的上值;而目标期望值低,一般可以取风险临界区间的下值。如战时技术保障就可以取其上值,而平时技术保障则可以取其中值甚至下值。这样,既可避免盲目蛮干而导致无谓事故的发生,又能保证技术保障进度,谋取最大的技术保障效益。

2. 制度控制

各项规章制度既是组织技术保障活动的根本依据,也是防范和控制技术保障安全风险的重要手段。尤其是通过规范人们的各种行为,可使各种人为的不安全因素得到有效遏制,避免主观因素事故的发生。

（1）要逐步完善导弹装备技术保障安全制度。要建立健全一套包括一般性操作规程、各级各类人员职责和各项技术保障活动组织实施程序、方法及要求在内的技术保障制度系统。这些制度既要有很强的操作性,又要有明确的约束性,使各种人员、各类活动都能做到有章可循、有法可依。

（2）要严格落实各项规章制度。要抓好从技术保障计划制定、组织实施到总结讲评等各个环节,把每个技术保障要素都置于技术保障制度的约束之下。要在技术保障的科学计划上下功夫,注重用技术保障的内在规律指导技术保障的组织实施,并充分考虑技术保障活动中各种因素的有机结合,阻止互相冲突而埋下事故隐患。要在落实每一项操作规程上下功夫,规范每个人员的操作步骤,防止因主观随意而酿成险情。

（3）要检查督导规章制度落实。相应的导弹装备技术保障领导机关,要加强对部队执行导弹装备技术保障制度情况的检查,及时发现并排除事故隐患,保证技术保障的有序进行。

3. 经验控制

实践表明,导弹装备技术保障组织者的丰富经验对于控制技术保障安全风险程度、预防技术保障安全事故发生具有重要价值。对于允许安全风险范围内的技术保障活动,如果因为外部因素的影响而导致风险程度的提高并可能造成技术保障安全事故的发生,此时用拥有的技术保障组织经验,及时查明情况并果断提出修订预定计划的意见,使潜在的并可能扩大的技术保障安全风险得到有效控制,从而避免技术保障安全事故的发生。

6.1.5 导弹装备技术保障安全风险控制措施

安全风险管理体系以控制风险为主线,当评估风险完成后,能否控制风险,在于风险控制措施的制定。这就要研究那些能够减少、减缓或消除安全风险的控制措施。有效的安全风险控制措施能减少或消除风险的三个组成部分(可能性、严重性或暴露程度)之一或组合。

6.1.5.1 制定安全风险控制措施的依据

1. 安全风险控制措施的基本要求

导弹装备技术保障安全风险控制,应当按照高标准、严要求、全方位的要求,遵循预防为主的方针,在安全风险识别、风险分析和风险综合评价的基础上,针对性地提出降低安全风险的对策措施,并根据这些措施制定切实可行的安全风险控制方案。

(1) 能消除或减少作业过程中产生的安全风险。

(2) 处置危险有害物,并降低至规定的限值内。能消除或减少作业过程中产生的危险。

(3) 预防设备失灵和操作失误产生的安全风险。

(4) 能有效预防重大事故和作业危害的发生。

(5) 发生意外事故时,能够提供一定的应急处置作用。

2. 安全风险控制措施的类型

制定导弹装备技术保障安全风险控制措施,应考虑对风险的实际控制程度和效果,应与组织的运行经验和能力相适配,并应尽可能按照:先消除,再降低,最后采取个体防护措施的思路。

(1) 直接安全技术措施:设备本身应具有安全性能,不出现事故和危害。

(2) 间接安全技术措施:若不能或不能完全实现直接安全技术措施时,必须为设备设计安全防护装置,最大限度地预防、控制事故或危害的发生。

(3) 指示性安全技术措施:采用检测报警装置、警示标志等措施,警告、提醒作业人员注意,以便采取相应的风险控制措施或紧急撤离危险场所。

(4) 安全管理和个体防护:采用安全操作规程、安全教育、培训和个体防护用品等措施来规定人的行为和人与物接触的规则。

3. 安全风险控制措施的选项

制定导弹装备技术保障安全风险控制措施,可以从以下几个角度进行考虑:

(1) 消除:从根本上消除危险有害因素。

(2) 预防:当消除危险有害因素存在困难,可采用预防性技术措施,预防危险、危害的发生。

（3）减弱：在无法消除危险有害因素和难以预防的情况下，可采取降低危险和危害的措施。

（4）隔离：在无法消除、预防和减弱的情况下，应将从业人员与危险有害因素隔开，将不能共存的物质分开。

（5）联锁：当操作失误或设备运行达到危险状态时，应通过联锁装置终止危险、危害的发生。

（6）警告：在易发生故障和危险性较大的地方，应设置醒目的安全色、安全标志，必要时设置声、光或声光组合报警装置。

6.1.5.2　安全风险控制措施的制定

可着重从以下几个方面进行分析，制定安全风险控制措施。

1. 对于固有的、长期存在的危险点

固有的、长期存在的危险点对作业人员的威胁是永久性的，须尽最大努力予以避免和控制，具体的措施有：

（1）避免产生危险点。采用各种技术手段从根本上避免危险点的产生，如设置安全距离、增加防误操作闭锁装置、设置设备标识等。

（2）隔离危险点。对一些无法消除的危险点，可设置现场警告牌、加装围栏或隔离档板，从空间上将危险点隔离开来。如在吊装作业中，对作业区域设立警戒线、隔离挡板。

（3）采取停车、停电等安全措施消除危险点。如勤务车辆、测试设备进行维护检修时关闭设备。

（4）强化工作人员的防护措施。对于无法隔离的危险点，可从加强工作人员的防护措施着手加以解决。登高作业时，要求工作人员使用防护措施和安排监护人。

（5）采取补充安全措施。对于一些尚未改造消除的危险点，在作业前应根据现场实际情况采取切实可靠的安全措施。如施工现场照明不足，应加装临时照明设施。

2. 对于隐蔽性和随机性的危险点

隐蔽性和随机性的危险点是随着时间推移或外部条件变化才出现的危险点，采用下面几种方法加以控制。

（1）严格执行安全和运行管理制度，强化安全措施。对在作业过程中可能产生人员行为不当的危险点必须结合习惯性违章的特点，有针对性地采取严密的安全措施。如为了电气设备作业时造成触电事故，必须坚持安全监督和确认制度。

（2）防止误动设备或接触危险设备。根据保障任务需要，调整或改变设备的运行方式，防止因工作人员靠近或接触运行设备，造成误动设备或触电事故。对无法改变运行方式的设备，应采取严密的屏蔽和隔离措施，使工作人员无法靠近或接触运行设备。

（3）防止由于人员分配不当，在作业中产生危险点。如技术比较复杂或难度较大的工作必须由能胜任的人员担任；对出现过惯性违章的人员应加强监护；对有危险的工作，除了采取可靠的安全措施外，还必须由有经验的人员带领和监护。

3. 对于由于人的错误操作和违章操作导致的危险点

由于人的错误操作和违章操作导致的危险点，需要通过强化人的安全行为预防事故的发生，主要采用下面 5 种方法加以控制：

（1）自我控制：指在认识到人的异常意识具有产生异常行为，导致人为事故的规律之后，保障人员自身在导弹装备技术保障中的改变异常行为，控制事故的发生。自我控制是行为控制的基础，是预防、控制人为事故的关键。例如，当保障人员发现自己有产生异常行为的因素存在时，像身体疲劳、需求改变，或因外界影响思想混乱等，能及时认识和加以改变，或终止异常活动，均能控制由于异常行为而导致的事故。又如当发现工作环境异常，工具、设备异常时，或领导违章指挥有产生异常行为的外因时，能及时采取措施，改变物的异常状态，抵制违章指挥，也能有效控制由于异常行为而导致的事故发生。

（2）跟踪控制：指运用事故预测法，对已知具有产生异常行为因素的人员，做好转化和行为控制工作。例如，对已知的违章人员指定专人负责做好转化工作和进行行为控制，防止异常行为的产生和导致事故发生。

（3）安全监护：指对从事危险性较大的装备使用和保障活动的人员，指定专人对其行为进行安全提醒和安全监督，防止误操作的事故发生。

（4）安全检查：指运用人自身技能，对从事装备使用和保障实践活动人员的行为，进行各种不同形式的安全检查，从而发现并改变人的异常行为，控制人为事故发生。

（5）技术控制：指运用安全技术手段控制人的异常行为。例如，安装的连锁装置，能控制人为误操作而导致的事故。

6.2　导弹装备技术保障安全风险防范

导弹装备技术保障安全风险防范，就是部队根据导弹装备技术保障安全风险评估的结论，针对导弹装备技术保障活动中存在的风险源，采取有效的针对性措施，防止安全风险的发生。防范安全风险，亦即千方百计不让安全风险发生，是导弹装备技术保障安全风险处置的"上上策"，因而也是首选。

6.2.1　安全风险防范方法

本节主要阐述法规制度贯穿法、多案择优法、重点强化法、保险系数增大法四种安全风险防范方法。

6.2.1.1　法规制度贯穿法

1. 法规制度贯穿法的定义及原理

法规制度贯穿法,也称法规制度贯彻方法,是以法规制度为准绳,并将法规制度贯穿于部队装备使用、管理与保障等全过程之中,使各类活动计划科学,规范有序,以此来防范风险发生的一种方法。简言之,是通过自始至终全面贯彻落实法规制度来防止装备风险发生的一种方法。该方法依据的原理,是针对所要确定的风险的特点,使用法规制度来约束规范各类行为,阻止风险因素的形成,以达到防止装备风险出现之目的。

2. 法规制度贯穿法的适用范围及使用条件

适用范围:一是适用于存在的风险较为清楚,风险转换为事故的条件明确的任务;二是适用于约束和规范风险防范对象的法规制度具体,并能转换成行为要求的任务;三是适用于通过规范约束行为可以防范风险发生的任务。

使用条件:一是有规范约束风险防范对象的法规制度;二是具备将法规制度转换成具体行为要求的条件;三是具备对实施过程中的行为进行定性和定量处剧的条件。

3. 法规制度贯穿法的优缺点

优点:一是法规制度的权威性高,对相关人员的规范作用和约束力强;二是以法规制度作为准绳,对风险防范工作引导有力,修正准确,普遍可行;三是通常能够保证循序渐进、规范合理地开展风险防范工作。

缺点:一是筛选适用的法规制度要耗费较多的资源;二是在实际工作中,面对十分复杂的现实问题,较难把握法规制度的标准尺度;三是需要有监控组织机构,才能纠正法规制度落实过程中存在的偏差。

4. 法规制度贯穿法的使用要求

一是要紧贴任务,合理选择法规制度;二是要建立健全相应的法规制度,落实监督机制;三是要科学制定弥补方案和措施,及时修正行为偏差。

6.2.1.2　多案择优法

1. 多案择优法的定义及原理

多案择优法是根据部队装备风险防范要求,对多个能实现当前任务的方案进行综合评价比较,结合部队装备活动实际情况,选择最优方案来实现风险防范的一种方法。该方法依据的原理,是通过对同一任务的多个方案进行综合评价和比较,选择针对性强、成本低、效果好、便于操作等优点突出的方案。具体的择优方法主要有以下几种:

(1)排队打分法。如果方案中的指标数量已经明确,就可以使用此法。其原理是,若有 m 种方案,则可采取 m 级计分制:最优者记 m 分,最劣者记 1 分,中间各方案可以等步长记分(步长为 1 分),也可以不等步长记分,灵活掌握,或者各项指标均采用 10 分制,最优者记 10 分。

(2)体操记分法。构建评分组,参照体操记分过程中的去掉一个最高分,去掉一个最低分,再对剩余分数取平均值,对方案进行排序。其分值及参加打分的人数视实际要求确定。

(3)专家评分法。组织相关的专家队伍,结合在部队装备活动中的亲身体验进行扣分,对打分情况进行统计,取分数平均值,实现对方案的排序。

(4)两两比较法。将方案两两对比进行打分,然后对每一方案的得分求和,并进行百分化等处理。打分时可以采取 0 ~ 1 打分法、0 ~ 4 打分法或多比例打分法等。

2. 多案择优法的适用范围及使用条件

适用范围:一是适用于有多种风险防范方案,各方案的优劣情况较为明显,有可比性的任务;二是各方案思路清晰,具备相应的实施条件,符合相应的实施规则;三是具备适当的方式方法对方案进行比较判断,完成排序。

使用条件:一是具备多种风险防范方案可供选择;二是具备明确区分和评价对象特征优劣程度的条件;三是有熟悉风险防范对象的评价人员,能够根据要求完成对可行方案的评价。

3. 多案择优法的优缺点

优点:一是能结合各个方案的具体特点和实际要求,优选风险防范方案,增强防范效果;二是博采众长,能充分汲取专家经验,优化细化方案;三是定性定量结合,使方案更加科学合理、具体可行。

缺点:一是制定备选方案多,任务繁重;二是过多地采用定性评价,受人为主观影响,容易产生经验主义,可能导致大量的客观实际被忽略;三是耗费或占用资源较多,成立专家组较为困难;四是参与人员多,工作繁杂,协调难度大;五是优选方案时,比对的指标难统一。

4. 多案择优法的使用要求

一是准备的多种方案都必须紧贴当前防范任务;二是要恰当选择评价方法;三是要合理构建评价组织;四是要尽量统一选择比对指标,并能充分反映各方案的本质特征。

6.2.1.3 重点强化法

1. 重点强化法的定义及原理

重点强化法是在部队装备活动中,对导致风险存在的各类因素进行评判,找出可能导致重大风险的主要因素,突出重点,整合资源,加强防范的一种风险防范方法。该方法依据的原理是抓主要矛盾,兼顾次要矛盾,集中力量对可能导致部队装备风险的主要因素进行管控,以防止风险发生。例如,部队野外驻训时,大型装备露天停放,驻地环境复杂,营区不够封闭,装备技术保障、安全管控难度加大。为防范野外装备安全管理风险,通常以防风、防晒、防盗窃为重点,强化装备管理。

2. 重点强化法的适用范围及使用条件

适用范围:一是适用于能利用相关方法,找出可以防范重大风险的任务;二是能找到适当方法,对可能导致风险的主要因素实施重点防范的任务;三是集中主要资源防范可能导致风险的重要因素时,不会对整个任务产生根本性影响。

使用条件:一是便于明确区分可能导致风险的主要因素;二是人力物力等资源转移对任务的连续性不会产生明显影响;三是有多种方法手段(强化资源管理、强化工作重点、强化人员注意力)达到强化重点的效果;四是容易识别重点和非重点在各阶段转移和交替的特点规律。

3. 重点强化法的优缺点

优点:一是能解决主要矛盾,防范重大风险发生;二是主次兼顾,保证整个任务的完成;三是使有限的资源得到优化配置和使用;四是风险防范工作有的放矢,针对性强。

缺点:一是重点和非重点的判定难度大,一旦判定失误则可能导致风险增大;二是重点与非重点转换的方向、时机难以准确判断和把握,判断失误可能导致部队装备风险防范失败;三是人力物力等资源调动,可能导致新的风险出现,增加风险防范的难度。

4. 重点强化法的使用要求

一是要找准需要强化的重点,选择合适的强化方法;二是要把握转换的方向和时机,强化跟踪管控对象;三是要具备充足人力物力等资源,确保强化效果。

6.2.1.4 保险系数增大法

1. 保险系数增大法的定义及原理

保险系数增大法是在部队装备活动中,通过对引发事故的条件成熟阈值(发生事故的最大值),进行判定,结合判定结果和实际要求,采取相应措施,提高或增大阈值,进而增加保险系数的一种风险防范方法。该方法依据的原理,是通过提高风险引发事故的条件成熟阈值,增加保险系数,降低风险引发事故的概率。例如,手榴弹爆炸最长时间为 7s,7s 就相当于一个阈值。为此,为确保投弹训练安全,在构筑掩体时,充分依据这一阈值确定掩体的设置和尺寸。

2. 保险系数增大法的适用范围及使用条件

适用范围:一是适用于能分析判断出保险系数的任务;二是适用于风险引发事故的条件可以改变的任务;三是适用于具有分析判断保险系数的方法的任务。

使用条件:一是风险诱发事故出现的条件成熟阈值具体明确;二是掌握确定条件成熟阈值的方法,改变该阈值的操作较为简便;三是具备增大保险系数的各种措施及所需资源;四是保险系数增大的情况能够得到验证,并确保系数增大能加固保险,防范部队装备风险的发生。

3. 保险系数增大法的优缺点

优点:一是方法直观实用,能够直接确定条件成熟阈值,并进行改变;二是能较好地结合装备自身特点,防范部队装备风险的针对性强。

缺点:一是较难选择确定保险系数的方式方法;二是对某个风险防范对象来说,其保险系数是成体系存在的,因而使得保险系数的主次确定、标准统一等工作较为繁杂。

4. 保险系数增大法的使用要求

一是要恰当选择确定保险系数的方法;二是增大保险系数要可靠合理;三是增大系数之后产生的效果要明显。

6.2.2 安全风险防范措施的制定

6.2.2.1 组织管理措施

导弹装备技术保障安全风险防范是通过一系列技术措施和管理手段将人、装备、环境等涉及导弹装备技术保障安全的各个环节有机地结合起来,进行整合、完善、优化,以保证导弹装备技术保障活动全过程的安全顺利进行。

1. 安全管理措施

从管理角度分析导弹装备技术保障安全风险的预防,主要包括以下几个方面措施:

(1) 设立安全管理岗位,并明确安全管理职责和任务,建立导弹装备技术保障安全管理网络;

(2) 实行安全作业责任制,尤其是重大危险源管理的责任体系,实行全员、全面、全过程的安全管理;

(3) 建立健全导弹装备技术保障各项安全作业规章制度和各岗位、设备安全操作规程,推行各专业的安全标准化作业;

(4) 建立健全安全导弹装备技术保障作业监督与检查制度,重点对重要岗位、特种设备、电气安全、安全装置、防护措施等项目加大检查督促力度;

(5) 对于特种作业和重要装备操作人员,严格落实资格认证制度;

(6) 对导弹装备技术保障人员加强作业安全教育、技术培训和业务训练,提高人的安全技术素质;

(7) 对导弹装备技术保障危险作业区域、重点设备标识警示和提示,危险处设立警示标志;

(8) 采取导弹装备技术保障作业过程控制管理方法,严格控制安全隐患苗头;

(9) 对于危险性较大的导弹装备技术保障活动,严格落实安全监护和安全确认管理措施。

2. 安全技术措施

从技术角度分析导弹装备技术保障安全风险的预防,主要从以下几个方面进行着手:

1)装备安全预防

(1)优化装备使用和保障过程,改进装备操作方法;

(2)为装备设置防护、保险、信号等安全装置;

(3)加强装备的检查、维护、检修等保障工作,尤其加强使用前装备检查;

(4)启动时,采取自检、试车、试运行等安全措施,发现异常立刻采取应急处置措施;

(5)做好装备在运行中的安全检查,做到及时发现问题,及时加以解决,使之保持安全运行状态。

2)环境安全预防

(1)安装必要的防雷、防静电、防潮、降温、监测、报警、消防等设施,为装备安全运行创造良好的条件;

(2)保持作业场地清洁,不乱堆杂物,尤其是易燃易爆物质;

(3)严格落实电气安全与防爆技术要求;

(4)对装备保障场所进行合理地布置,按照规定留出检查、作业和安全通道;

(5)为避免挤压伤害,直线运动部件之间或直线运动部件与静止部件之间的间距应符合安全距离的要求。

3)电气伤害预防

(1)安全认证。所有电气设备必须具有国家和军队指定机构安全认证的合格产品,尤其是航空弹药保障场所专用电气设备。

(2)防触电对策措施:①对所有设备进行接零、接地保护;②增加漏电保护;③绝缘;④电气隔离;⑤设置屏护和安全距离;⑥作业前必须认真检查工具、测量仪表和防护用品是否完好等。

(3)电气防火、防爆对策措施:①根据电气设备使用环境的等级、电气设备的种类和使用条件等选择电气设备;②电气线路安装位置、敷设方式、导体材质、连接方法等均应符合航空弹药保障场所安全技术要求;③保持电气线路绝缘良好,定期检查,及时修复或更换损伤的绝缘层;经常拖曳的电缆外层应有保护套并保持完好;④配电箱、开关、电源等各种电器设备附近,不准堆放各种易燃、易爆、潮湿和其他影响操作的物件。

(4)防静电对策措施:应采取工艺控制、泄漏、中和、屏蔽等措施,以消除、减弱静电的产生。

(5)标识和警示信息。不同电压和用途的电气设备和线路要有明显、易区分的颜色、图形或文字,标识标明电压、电流等信息,开关、旋钮等控制部位要有明显的位置指示或增减指示,在有显著位置警示操作注意事项和应急处置措施。尤其在检修电路和电气设备时,必须在电源开关上悬挂"正在维修,不准合闸"的警示牌。

4)燃爆事故预防

从理论上讲,对于使可燃物质脱离危险状态或者消除一切着火源这两项措施,只要控制其一,就可以防止火灾和爆炸事故的发生。

(1)防止可燃可爆系统的形成。必须避免油液、油漆、棉布等可燃物质和战斗部、火工品、特种弹药等易爆品与火(热)源(明火、撞击、静电等)同时存在。

① 防泄漏。最关键的措施是保持密封性,可燃物质的容器、设备、管路,以及加注口,必须保持良好的密封盒密闭,为防止易燃、易爆液体泄漏。需定期检查连接处的密封性,紧固或更换损坏的密封件。

② 防静电。战斗部、火工品、特种弹药作业过程中必须严格防止静电的产生。人员与这些易燃易爆品接触,必须穿着防静电用具以及工具;在作业过程中还要动态消除静电;禁止在作业场所做一些容易产生静电的动作。

(2)消除、控制引燃能源。引起火灾爆炸事故的火(热)源主要有明火、高温、绝热压缩、摩擦和撞击、电气火花、静电火花和光热射线等。在火灾爆炸危险性较高的场所,要特别注意这些着火源,并采取严格的预防措施加以控制,具体应做到以下几点:

① 严禁明火。

② 相互隔离。电缆线路与易燃物质要有安全间距和隔离措施。

③ 避免摩擦与撞击。有些台面、包装箱、设备是金属材料,摩擦与撞击易产生火星,其上台架、设备等的轮角应采用橡胶等包裹,避免金属撞击;防止金属固体杂质落入压缩机、液压泵或容器内,避免由于铁器和机件的撞击起火;搬运金属装置或设备,严禁在地上抛掷或拖拉;禁止在弹药存放区进行砂轮切割、锯削等作业。

④ 防止电气火花。正确选用不同的防爆电气设备,有静电积聚危险的装置应有控制流速、导除静电、静电消除器、添加防静电剂等有效的消除静电措施。

5)车辆事故预防

(1)机动车辆驾驶员必须持证上岗,其他车辆操作人员也必须经过专门的技术培训并考核合格;

(2)制定周密运输计划;

(3)做好使用前的车辆安全检查;

(4)严格落实装车检查与确认措施;

(5)严格落实车辆操作安全规定,禁止违章操作;

(6)装备运输过程中,要及时对装备数质量和堆垛、捆绑等情况进行检查固定;

(7)运行中发现异常情况,及时停车检查;

（8）要加强警戒，特别是在停靠时，更要提高警惕。

6）高处坠落事故预防

（1）凡从事 2m 以上登高作业人员，必须采取安全防护措施；

（2）作业前，必须检查确认安全防护用品的完好性；

（3）登高作业时，梯子、凳子、平台应放置稳妥；

（4）登高作业时，应尽量避免过负荷、交叉作业等危险行为；

（5）针对夜间、带电、悬空、高温等高处作业特有的危险因素，提出针对性的防护措施。

7）吊装事故预防

（1）应当按照安全技术规范的要求，严格落实特种设备检定期检验技术要求；

（2）吊装作业前，指派专人对制动装置、钢丝绳、连接装置、控制设备、各限位和安全(联锁)装置等起吊设备各部分进行检查，确认灵敏可靠后方可进行吊运操作；

（3）起吊前检查导弹起吊梁或吊索完好，连接正确可靠，并注意吊装高度限制，防止过卷扬；

（4）操作员应听从指挥员指挥号令，但当任何人发出危险信号时应立即停车；

（5）吊臂和导弹下严禁站人，注意转运路线上的障碍物；

（6）控制好起吊、转向、下放时的速度。

6.2.2.2　技术实施措施

从导弹装备技术保障的主要过程或重要环节，来研究安全风险控制措施的制定。

1.　吊装作业安全事故预防

（1）任务前对保障人员进行安全教育。

（2）任务前按照规程对起重设备、吊具、吊索进行检查。

（3）根据吊装任务和安全要求，周密计划、明确分工、指定安全员，合理调配人员、设备和车辆。

（4）吊装现场落实消防、防爆、防盗、防静电、警戒等防护措施，禁止无关人员进入，严禁烟火。

（5）吊装作业时，运输工具必须停稳制动，关闭发动机和强电磁设备，切断电源。

（6）吊装导弹时，必须严守操作规程、文明作业、轻拿轻放，防止跌落、碰撞，不得拖拉、翻滚、倒置，严禁野蛮作业、违章蛮干。

（7）吊起的导弹不允许自由摆动和扭转，可用手直接控制导弹，也可通过绳索控制带包装箱的导弹。

（8）在水平方向上移动吊起的导弹时，导弹应高出障碍物 0.5m。

（9）避免碰撞导引头天线罩、引信天线罩、物理分离销、发动机短路插头、发动机堵盖,禁止触摸发动机堵盖,除需要外,不要卸下导弹的任何保护附件。

（10）使用起重机械起吊（铲起）导弹时,不得超越人员及其他导弹。

2. 导弹测试作业安全事故预防

（1）任务前要对测试人员加强安全教育。

（2）任务前要对设备、工具及器材进行技术检查,确保其技术指标符合安全要求。

（3）测试人员必须消除静电后方可进入工作现场,严禁无关人员进入工作现场。

（4）测试人员要严格按照操作规程操作,熟练掌握保障程序,严密组织配合。

（5）在导弹测试过程中要求导弹和测试设备可靠接地。

（6）通电测试前需要保证各部件、各连接电缆的正确安装、对接,导弹与测试设备连接情况安排专人核查。

（7）在接插件对接和分离过程中,不允许对接插件进行强行插拔。

（8）导弹在通电情况下,严禁处于无人看管状态或进行安装、拆卸工作。

（9）气源气路对接必须使用专用工具拧紧,防止测试过程中由于气嘴未拧紧造成气路脱落危及人身安全;拆卸管路前应首先将高压软管内的多余气体放空,以免危及人身安全。

（10）对导弹进行准备、测试或恢复时,禁止站在导弹前、后方。

3. 外场送弹运输过程

（1）任务前对司机和有关保障人员进行任务安排和安全教育。

（2）任务前对车辆进行技术检查,确保运弹车状况良好,转弯灵活,轮胎压力正常;牵引车挂钩良好;各运弹车之间连接可靠。

（3）出发前指派专人对导弹固定情况进行认真检查,以确保导弹可靠地固定在运弹车的支架上。

（4）协调有关部门提前做好路途安全保障。

（5）运输途中严格控制车速。

（6）做好运送过程中的指挥协调工作。

4. 导弹机务准备过程

（1）任务前要对机务军械人员加强安全教育。

（2）组织人员的业务知识学习和实操培训,落实好装挂导弹和导弹通电检查过程中的安全措施,防止地面人为差错发生。

（3）任务前组织保障演练,使机务军械人员熟练掌握挂装程序,严密组织配合。

（4）提前对勤务车辆、设备和工具进行检修保养。

（5）导弹挂机前,仔细检查挂弹车、挂架、发射装置等设备是否存在质量问题。

（6）装挂挂架、导弹前首先确认座舱内各类开关处于断开状态;挂弹时关闭座舱盖,座舱内禁止有人员。

（7）加强检查和复查把关制度,机务保障人员要严格按照挂弹流程进行挂卸弹操作,严格落实读卡制度,师对员的工作进行严格复查,分队长对所负责飞机的准备质量进行重点检验并签字负责。

（8）检查导弹发射线路是否良好,机上导弹发射线路中的电缆有无破损、搭接等造成短路的问题,发射按钮、应急投放按钮等部件有无粘连短接问题。

（9）检查起落架连锁信号是否良好,各种保险装置工作是否正常。

（10）挂弹前必须插上地面保险销,导弹地面弹检时严禁拔下地面保险销,起飞前必须拔下地面保险销,飞机带弹着陆后首先插上地面保险销。

对于导弹装备技术保障活动,不同种类安全风险事件的控制措施不尽相同,需要根据具体情况详细深入分析。

6.3 导弹装备技术保障安全风险规避

导弹装备技术保障安全风险规避,是指在安全风险不可防范或者防范无效的情况下,针对导弹装备技术保障安全风险特点,采取变换空间和时间等有效措施,避开风险,以免遭受损失。形象地讲,规避风险就是采取"迂回路线"避开风险。应当说明的是,这种规避风险不是消极地、被动地回避风险,而是积极地、主动地避开风险。例如,部队组织导弹检测时,如遇到雷雨天气,为防止出现事故,应停止作业,待气候适宜时再组织实施。

6.3.1 安全风险规避方法

本节主要阐述时间变换法、空间变换法、方法更替法、规模变化法四种安全风险规避方法。

6.3.1.1 时间变换法

1. 时间交换法的定义及原理

时间变换法,是指在预定的部队装备活动期间,将要发生不可防范的风险或者防范无效的风险(如台风、暴雨、海啸等)时,为防止风险造成装备事故,通过主动提前或推迟部队装备活动时间的方式避开风险的一种方法。该方法依据的原理是,在风险发生的时间无法改变的情况下,通过改变部队装备活动的时间,达到双方在时间上不相冲突的目的,以此防止部队装备因不可避免的风险而造成损失。例如,2009 年 10 月 4 日,某单位根据野外驻训计划,返回 200km 以外的营区拉弹药,但据当地气象台预告,当天有 10 级台风登陆。针对此情况,该单位及时对拉弹药的时间进行了调整,提前2天将保障弹药准备到位,既保证了往返途中的安全,又确保了野外训练、按计划落实。

2. 时间交换法的适用范围及使用条件

适用范围:一是适用于改变时间因素可以规避风险的任务;二是适用于完成时限的要求不是很强的任务;三是适用于时间变换对相关保障资源等不会造成严重影响的任务。

使用条件:一是清楚任务预定时段内导致风险存在的各种因素;二是能明确所要变换的时间;三是确定时间变换后,导致风险存在的因素消失,或减少到不会导致发生事故的程度;四是时间变换后,具备应对异常情况的措施和资源。

3. 时间交换法的优缺点

优点:一是不用改变原定的区域空间,避免了相关的附加工作任务量;二是方法简捷,清晰明了;三是既规避了风险,完成了任务,又不改变原有的基础条件,减少了资源浪费。

缺点:一是改变时间需要收集整理掌握相关信息,进行分析判断,时机难以准确把握;二是对环境、气候变化信息的精准度要求高,依赖性强;三是执行任务的时间提前或推迟,增加了装备管理及维护保养等工作的难度。

4. 时间交换法的使用要求

一是要准确掌握环境、气候等因素对风险的影响;二是要合理选择变换时间;三是要统筹安排时间变换前后的工作;四是时间变换后,情况可能发生变化,要科学地制定相应的处置预案。

6.3.1.2 空间变换法

1. 空间交换法的定义及原理

空间变换法,是指在预定的部队装备活动区域范围内,由于出现了不可防范的风险或者防范无效的风险,致使无法按计划在原定区域内组织实施装备活动时,在不改变原定时间的情况下,通过另行选择无风险的区域空间继续组织实施装备活动的方式避开风险的一种方法。该方法依据的原理是,在风险发生的区域空间无法改变的情况下,通过改变部队装备活动的空间,达到双方在空间上不相互冲突的目的,以此防止部队装备因不可避免的风险而造成损失。例如,某部队按照年度训练计划,预定×月×日从驻地出发,进行转场运输,跨区前往某机场驻训。但在出发的前一天突降暴雨,致使该条公路沿线两侧山体多处出现塌方和泥石流。虽然能够勉强地缓慢通行,但非常容易发生车辆和导弹等装备事故。针对此情况,该师经请示上级批准,比原计划提前6h出发,改变运输路线进行转场运输。虽然路程远了一些,但是不仅保证了装备转场运输安全,而且按时抵达了驻训机场。

2. 空间交换法的适用范围及使用条件

适用范围:一是适用于风险主要来源于预定活动区域空间的任务;二是适用于

不能变换时间而只能变换空间的部队装备活动；三是风险产生的因素与空间地域联系紧密,通过变换区域空间即能规避风险；四是自由变换到适当空间地域展开的装备活动。

使用条件：一是能清楚地判定导致风险存在的区域空间特征；二是明确导致风险原因能在适合的空间地域内得到消除；三是转换后的空间区域能保证部队装备活动顺利展开；四是具有周密的方案措施和充足的资源保障完成空间地域变换。

3. 空间交换法的优缺点

优点：一是不用变换时间,只需变换空间就能规避风险；二是方法简单易行,便于操作；三是形象直观,能获得决策者的理解与支持。

缺点：一是选择转换空间的工作复杂,人力物力等资源消耗大；二是可供筹划和组织实施空间变换工作的时间往往非常有限,变换过程中容易产生新的风险。

4. 空间交换法的使用要求

一是另行选择的空间要能够满足部队装备活动的要求；二是要把握好转换的时机；三是需要周密制定方案和措施,保障转换过程顺畅。

6.3.1.3　方法更替法

1. 方法更替法的定义及原理

方法更替法,是指在部队装备活动中,由于相关因素的发展变化,致使原来决定采用的方法可能会产生较高的风险,因而选择其他更好的方法进行更替,以此实现风险规避的一种方法。该方法依据的原理是,通过使用新的方法,规避原有方法可能导致的高风险,实现风险规避之目的。例如,2009 年,某部组织导弹实弹射击原计划组织公路运输实施转场,所经道路正在进行施工,且路况很差,很长一段道路在开山放炮,影响车辆安全和运输时间,在请示上级后,改公路运输为铁路运输,避免了运输途中的风险。

2. 方法更替法的适用范围及使用条件

适用范围：一是适用于原有方法可能导致高风险的任务；二是适用于有多种完成任务的方法可供选择的任务。

使用条件：一是能判定原有方法的某些因素是导致风险存在的主要原因；二是不因方法的更替付出昂贵的代价(比如,任务要作大幅度的调整,要求投入很多的人力物力,任务持续的时间延长太多等)；三是原有的保障措施及资源基本满足新方法实施的需要。

3. 方法更替法的优缺点

优点：一是采用新方法可以规避风险或者降低风险；二是直接明了,简单易行,容易获得决策者的肯定。

缺点：一是研究选择新方法必将耗费和占用一定的资源；二是对原有方法的否定及更替浪费了前期工作成果。

4. 方法更替法的使用要求

一是选择新方法要有针对性;二是方法替换后,要能够确保活动的顺利展开;三是方法更替必须得到决策者的批准;四是方法更替要尽量减少对其他活动的影响。

6.3.1.4 规模变化法

1. 规模变化法的定义及原理

规模变化法,是指在部队装备活动中,通过更改(扩大或缩小)规模范围,实现风险规避的一种方法。例如,战时装甲、车辆装备通过炮火封锁区时,通常采取加大间距、减小规模,多梯次快速通过的方法,以降低装备战损率。该方法依据的原理是,通过采取适当措施,选择合理的规模范围,改变(增多或减少)条件因素和环节要求等,从而规避风险。

2. 规模变化法的适用范围及使用条件

适用范围:一是适用于因选择规模范围不合理产生高风险的任务;二是便于改变规模范围的任务;三是通过改变规模范围,能够有效规避风险的任务;四是规模范围的变化能保证任务顺利完成。

使用条件:一是可以确定规模范围不合理导致的风险;二是确保调整规模范围,可以规避风险;三是可以合理确定规模范围;四是具备完善的措施、充足的资源,确保规模范围变化实施顺畅。

3. 规模变化法的优缺点

优点:一是选择合理的规模范围可以规避风险;二是方法简单易行,便于顺利展开;三是根据任务要求,合理选择规模范围具有较强的针对性。

缺点:一是变化程度难以把握,可能导致任务发生较大变化;二是在变化过程中,可能产生新风险;三是规模变化可能影响某些依赖规模的指标因素(如时间、空间、人员、装备等)。

4. 规模变化法的使用要求

一是要明确原有规模范围产生的风险;二是要合理确定变化规模范围;三是要保证确定的规模范围能完成任务;四是要研究制定与新规模范围相适应的保障方案计划。

6.3.2 安全风险规避措施的制定

1. 加强教育引导,提高风险意识

保障人员作为导弹装备技术保障工作的组织者和实施者,对安全的认知程度将直接影响任务的顺利实施,必须要时刻保持清醒的头脑,树立高度的风险意识和危机意识。任务前,可以通过召开会议、集中授课、观看警示教育片等形式,持续抓好思想发动和教育引导,把可能产生的方方面面的风险,超前分析透彻,做好风险预测,努力将问题隐患消灭在萌芽状态。

2. 及时掌握环境因素,制定因地适宜的技术保障计划

很多导弹装备技术保障工作容易受到天气的影响,作为导弹装备技术保障的领导和指挥管理人员应当充分掌握其情况,及时科学修改完善技术保障计划和方案。例如,在不能满足安全作业要求的天气条件下调整作业时间或作业内容,在不能进行户外作业的时候可以提前安排室内作业项目等。

3. 采取技术措施,确保装设备安全运行

技术保障工作开始前,装设备技术状态的排查是有效规避安全事故的重要方法和手段之一。在导弹装备技术保障准备阶段,通过安全风险评估,对导弹装备进行状态检查、问题排查和维护保养,采用润滑、调整、更换备件等技术措施加以绕避,规避装设备突发故障带来的安全风险。例如,对于运动件提前采取机构完好性检查、紧固、润滑等技术措施,对于电气系统提前检查、维修、更换绝缘部件,确保其任务过程中可靠运行。

4. 规避事后假如,严把事先预控

在安全风险管理体系中,"安全卓越"是一条贯穿始终的原则。对于多年从事导弹装备技术保障工作的人员,很多都见过这样一种现象:当安全事故发生后,我们总能在事后分析中列举出数以百计的"假如",假如事先我们检查再细致一些,假如我们事先检修再认真一些;假如我们……大多安全事故分析告诉我们,事先"无为"往往葬送的是消灭事故的最佳良机。本着"安全卓越"的原则,在导弹装备技术保障安全风险评估中,我们应努力规避事后诸多假如,扎实做好事先各项预控。可以将事后的一切假如作为事先的预想内容,不论大小轻重,都应给予充分的重视,提前分析、预判、规避。

5. 科学面对安全风险,以法规避安全风险

规章制度的有效落实是导弹装备技术保障工作安全顺利完成的重要保证。导弹装备技术保障中的安全风险是客观存在的,但其产生和消除也是有规律的。虽然安全风险是普遍存在的,任何安全风险只要预防得力,一般都能化解或规避,即使出现也能将损失减小到最低程度。要采用合理的方式分散和转移风险,在消除和规避某些风险时,只要方法正确、策略对路、技巧得当,善于以法规制度手段实施防范措施,就可以规避安全风险。在导弹装备技术保障过程中,要严格按照法规制度,抓好导弹装备的检查、操作、维护等环节的制度落实,确保规章制度落实到技术保障工作的每一个环节、每一个步骤。

6. 完善监督机制,加大监管执行力

监督是安全管理工作的主要内容,既要监督组织者和指挥者,同时也要监督操作者,组织者有责任为操作者提供安全的工作环境和条件,操作者有责任按安全要求进行作业,有权拒绝从事不具备安全条件的工作。要有效规避安全风险,必须建立健全导弹装备技术保障安全管理监督机制,并对其进行科学化、高效化、完善化规范,同时,加强对技术保障作业现场的管理和监督工作。首先,完善组织机构。建立安全管理机构,负责安全管理工作,明确机构职责;设立完整的管理岗位,明确岗位职责,从人员素质和人员数量上满足机构和岗位的需要,确保安全监督工作能有效覆盖全部的技术保障作业活动。其次,按照"主要领导负总责、分管领导负专责、现场领导具体负责"的要求,采用责任互联制;加强对导弹装备技术保障工作的检查督导,技术保障工作指挥员要深入一线,对违规违纪行为和事故隐患苗头要敢于较真,对发现的问题做到跟踪问责、举一反三、查漏补缺,不断夯实导弹装备技术保障安全工作基础。

6.4 导弹装备技术保障安全风险应对

导弹装备技术保障安全风险应对,就是对于既不能防范或防范无效,又不能规避或规避无效的情况下,针对即将发生或已经发生的风险,主动采取针对性措施,努力将风险造成的危害降至最低的一系列活动。首先,在导弹装备技术保障活动中,要建立安全风险实时监控与报告制度。例如,部队组织导弹挂载时,要依托值班系统设立安全风险监控值班员,主要担负一线安全风险与事故的监控报告任务,一旦意外事故发生,确保能在第一时间,将情况报告给安全风险评估与处置领导小组。其次,要建立应急处置体系和机制。在重大安全风险发生时,能及时指挥应急行动,快速统一调配资源,强化应对能力,把突发安全风险造成的危害降至最低。

6.4.1 安全风险应对方法

部队装备风险应对的方法主要有跟踪监控法、风险分散法、风险诱因管控法、重心转移法。

6.4.1.1 跟踪监控法

1. 跟踪监控法的定义及原理

跟踪监控法,是指在部队装备活动中,根据评估结果,对任务实施过程中客观存在、难以防范和规避的风险进行全程跟踪监控,并采取措施或创造相应条件,减少风险危害,做好妥善处理事故相关准备的一种风险应对方法。该方法依据原理是,适时跟踪掌握任务中的风险变化情况,采取相应的方法措施,及时对风险进行管理控制,应对处理,降低风险给部队装备造成的危害。例如,部队组织装备大中修及装备日常管理,针对周期长、环节多的特点,通常采取跟踪监控的方法,确保各项工作落实,提高安全效益。

2. 跟踪监控法的适用范围及使用条件

适用范围:一是适用于风险情况便于实施跟踪监控的任务;二是有方法措施

及相应人力物力资源对跟踪了解到的风险状况进行应对,能降低导致事故的严重程度;三是对象存在的风险只有采取措施进行监控和处置,才能抑制风险引发事故。

使用条件:一是具备跟踪监控风险的人员队伍;二是具备风险跟踪监控的方案计划;三是可能引发的事故危害程度不高,不会造成恶劣影响,并且有周密的方案措施、充足的人力物力资源。

3. 跟踪监控法的优缺点

优点:一是能够适时掌握风险变化情况,采取有效措施,对存在风险进行管理控制;二是能够充分考虑可能的结果,做好相应人力物力准备;三是组建了专门跟踪监控风险的人员队伍,增强了跟踪监控和应对风险的针对性。

缺点:一是跟踪监控风险占用和耗费人力物力资源较多,牵扯了主要精力;二是跟踪监控过程中随机情况处置难度较大,预定方案措施不一定能满足要求。

4. 跟踪监控法的使用要求

一是要科学合理地组建跟踪监控队伍;二是要研究制定操作性、针对性较强的情况处置方案;三是要及时果断处置情况,加强请示报告。

6.4.1.2 风险分散法

1. 风险分散法的定义及原理

风险分散法,是指在部队装备活动中,针对客观存在、不可避免的风险,根据评估结果,调整任务结构及相关保障资源,降低任务关键点风险等级,适当增加非关键点风险等级的一种风险应对方法。该方法依据的原理主要是,通过对风险应对对象的结构调整,转移和分散风险,从而改变风险存在状况,努力使风险不造成危害,或者造成的危害最低。例如,战时装备(弹药)疏散,通常采取加大间距形式进行隐蔽疏散,这种方法就利用分散风险的方式,以减少装备弹药的损失。

2. 风险分散法的适用范围及使用条件

适用范围:一是适用于风险能够采取适当方法进行分散的任务;二是适用于通过分散能达到风险应对效果的任务;三是能够合理确定分散方位,分散的风险不会在另一处形成高风险,或形成高风险导致的事故不会产生全局性影响,或已有应对事故的方法措施。

使用条件:一是具备适当调整任务结构的方法,调整后,能降低任务关键点上的风险等级;二是结构调整对风险应对对象不会产生负面影响;三是调整能够得到决策者的认同和支持;四是分散后的高风险不会在另一处形成高风险;五是具备对分散后的风险进行有效处置的措施和资源。

3. 风险分散法的优缺点

优点:一是能将任务结构与风险存在情况相结合,通过转移关键部位和环节上的风险,减少风险危害;二是把大风险分散成若干小风险,防止风险集中释放,造成重大危害;三是方法简捷,易获得决策者的理解和支持。

缺点:一是分散风险的方式方法较难选择;二是分散风险要耗费资源,增加工作量。

4. 风险分散法的使用要求

一是要确保风险分散不会产生更大风险;二是风险分散不会严重影响任务完成;三是要准确判定产生风险的关键点和非关键点;四是分散的方式方法要适当可行。

6.4.1.3　风险诱因管控法

1. 风险诱因管控法的定义及原理

风险诱因管控法,是指在部队装备活动中,针对风险被激发后形成事故需要具备的条件,采取措施对其进行管控,始终使风险处于诱发事故时机不成熟、条件不充分的状态,以降低风险等级或激发事故的严酷度,从而实现风险应对的一种方法。该方法依据的原理是,风险引发事故要具备相应的诱因,通过严格管控这些诱因,使风险诱发事故的时机不成熟、条件不充分,不足以导致事故,或者最大限度地降低事故造成的危害程度。例如,夏天给汽车轮胎充惰性气体,就是为了控制天气炎热这一诱因,防止轮胎因受热气压升高爆胎,确保行车安全。

2. 风险诱因管控法的适用范围及使用条件

适用范围:一是适用于能找到风险诱发事故时机和条件的任务;二是适用于诱发事故时机和条件可以控制的任务;三是适用于通过对诱因管控,能有效应对风险的任务。

使用条件:一是风险诱发事故的时机和条件必须清晰可辨;二是必须具备有效管控风险诱发事故时机和条件的方法措施;三是诱因管控对风险应对对象不会产生负面影响;四是便于得到决策者的认同和支持。

3. 风险诱因管拉法的优缺点

优点:一是通过采取相应的方法措施控制风险导致事故发生,有利于从根本上应对风险;二是内因与外因相结合,时机与条件相结合,能全面管控风险;三是积极主动查找和管控风险诱因,节约资源,少走弯路,应对效果明显。

缺点:一是诱因的判定、筛选难度较大;二是管控力度的大小不易准确把握;三是管控的方向和重点容易。

4. 风险诱因管控法的使用要求

一是要从根本上分析找准风险诱发事故的时机和条件;二是要认真研究确定管控的方法措施;三是要准确把握时机和条件,及时实施管控;四是统筹安排好人力物力等资源。

6.4.1.4　重心转移法

1. 重心转移法的定义及原理

重心转移法,是指在部队装备活动中,结合任务实施的环节和目标要求,适时调整保障资源,将风险应对的童心转移到风险等级高的部位,使关键环节(部位)的资源充分,能够有效地处理风险引发的事故,最大限度地降低危害的一种风险应对方法。该方法依据的原理是,将力量转移并集中到可能发生高等级风险的关键环节(部位),解决重点问题,完成风险应对。例如,部队组织实弹演练时,工作重心通常随着工作进程不断变化。组织筹划阶段,以实弹演练计划方案制定为重心,使之符合安全要求;任务准备阶段,以恢复导弹技术检查和维护保养为重心,使之符合挂机使用技术要求;任务实施阶段,以导弹地面准备为重心,使之符合射击需求。

2. 重心转移法的适用范围及使用条件

适用范围:一是适用于分阶段分步骤实施,风险应对重心明确的任务;二是适用于重大风险可能转移的任务;三是适用于人力物力等资源在风险应对过程中可以转移的任务;四是转移风险应对重心能取得明显效果的任务。

使用条件:一是活动全过程和各阶段的风险应对重心明确;二是风险应对重心会随时空和环境等发生转移;三是具备将人力物力等资源集中到风险应对重心的能力;四是集中资源转移到风险应对重心后,不影响整体任务的正常运行。

3. 重心转移法的优缺点

优点:一是根据实际情况,及时转移风险应对的重心,能够有效降低风险危害;二是能够合理转移资源,既可以及时应对风险,又可以充分利用资源;三是方法简洁,思路清晰,便于操作。

缺点:一是准确判定重大风险有一定难度;二是风险应对重心转移的时机较难把握,可能出现偏差,并因此而导致风险应对失误;三是集中转移应对风险的资源时,可能出现薄弱环节,产生其他风险。

4. 重心转移法的使用要求

一是要准确判定重大风险产生部位和时机;二是要准确把握风险应对重心转移时机;三是研究制定切实可行的转移方案和计划;四是要防止在转移过程中出现偏差,产生新的风险。

6.4.2 安全风险应对措施的制定

针对导弹装备技术保障中有可能发生的几种较为典型的安全事故,来研究安全风险应对措施的制定。

1. 火灾应对措施

导弹库房火灾呈现燃烧猛、蔓延快、易飞火、易复燃、易爆炸并产生毒烟特点。扑救库房火灾,要以保护装备为重点,扑救时,若库存物资堆垛着火,应集中力量对燃烧堆垛形成包围态势,同时保护和疏散邻近装备。库房建筑和物资同时燃烧时,先要冷却屋架等承重结构,扑灭屋顶上的火势,防止建筑倒塌,同时要控制火势向邻近堆垛蔓延,进而扑灭着火的堆垛的火势,并组织力量疏散装备。当爆炸物品、易燃物品、压力容器或重要装备受到火势威胁时,应进行重点保护,边择火势较弱或能进退的有利部位,集中数支水枪或灭火器,强行打开通路,掩护消防人员深入燃烧区进行抢救,将物资或装备转移到安全地点,对无法疏散的爆炸物品,应用强大的水流进行冷却保护。扑救露天堆垛火灾时,应集中主要力量,采取下风堵截、两侧夹击和分片围击的战术,防止火势向下风方向蔓延,并派出人员监视与扑灭飞火。

1) 易燃物火灾

导弹库房的易燃物质最好使用水膜泡沫进行灭火。当库房内物品起火或者烧焦时,将释放出有毒气体。因此,在火灾发生时进入到保障设施中的消防与救援人员必须配备自携式呼吸器。

2) 弹药装备危险预防

保障人员应连续使用水膜泡沫来对暴露在火灾中的弹药装备进行灭火。由于消防水能够冲淡或者冲刷掉水膜泡沫覆盖层,因此,水管不应该用来冷却弹药装备。火灾过后,应继续冷却弹药装备至少 15min,从而使得装备的温度能够下降到安全的环境温度。

3) 电气设备或电子设备火灾

在熄灭电气设备或电子设备火灾时,必须确保电源安全。哈龙 1211 或者二氧化碳是适用于 C 级火灾的主要灭火剂,不会对电气部件或者电子部件带来负面影响。

4) 电池过热

电池内部短路或者热耗散有可能造成碱性电池或者镍镉电池过热。过热的电池将使装备与人员处于危险状态。此时,应该打开电池盒,检查如下电池状况并按照指示采取措施。

(1) 如果出现火焰,则需使用哈龙 1211 或者二氧化碳灭火剂。但二氧化碳不得直接喷射到电池舱中,以免影响到爆炸性气体的冷却或者更换。灭火器静电可能引爆电池盒中的氢气/氧气。

(2) 如果未发现火焰或者火灾,但是电池或者通风孔散发出烟雾、浓烟或者电解液,喷洒水雾来降低电池温度。

2. 导弹测试设备在通电过程中意外冒烟

(1) 立即关闭电源;

(2) 稍等片刻,根据故障现象进行故障排查,必要时联系研制部门寻求帮助;

(3) 故障排除后先进性测试设备自检,自检通过后再进行导弹测试;

(4) 任务紧急时并且有备份的测试设备,先将导弹转移至备份测试设备继续进行导弹测试工作,待保障任务结束后,再进行故障测试设备的排故工作。

3. 导弹在挂机过程中意外跌落

（1）如有人员受伤，第一时间救治伤员。

（2）机务人员先查看装备受损情况，并将情况上报，通知导弹技术队换用备份弹和处置跌落导弹。

（3）导弹技术队人员对跌落导弹进行技术质量状况检查；对弹体损坏、变形、裂纹、整流罩晃动的导弹要专人负责，及时做好交接和登记工作；然后运回技术阵地做进一步的技术检查。必要时联系研制部门征询意见，综合各方意见后制定维修方案。

4. 飞机带弹着陆时导弹掉落跑道应对措施

（1）保障人员在请示飞行指挥员后，组织人员迅速上跑道将导弹装运撤离，并协助场务连将跑道上掉落部件收集清理，及时清除跑道障碍。

（2）保障人员负责配合外场保障人员检查掉落导弹发射装置情况，并将发射装置送回库房做进一步检查。

（3）导弹滞火后，应立即封存该枚导弹、发射装置的测试维护记录、履历本，在对导弹、发射装置的初步检查中不能够影响其原始技术状态；

（4）封存的导弹单独存放于库房，以便做进一步的深度检查。

小　　结

本章首先介绍了导弹装备技术保障安全风险控制的原则、任务和流程，然后介绍了导弹装备技术保障安全风险控制的内容、方式和途径以及安全控制措施的制定，最后重点介绍了导弹装备技术保障安全风险防范、规避、应对的方法和措施。

思考题和习题

1. 阐述导弹装备技术保障安全风险控制的内涵。
2. 简述导弹装备技术保障安全风险控制的基本原则和主要任务。
3. 分析导弹装备技术保障安全风险控制的流程。
4. 阐述导弹装备技术保障安全风险控制的主要内容。
5. 简述导弹装备技术保障安全风险控制的主要方式。
6. 简述导弹装备技术保障安全风险控制的途径。
7. 阐述导弹装备技术保障安全风险防范的主要方法。
8. 阐述导弹装备技术保障安全风险规避的主要方法。
9. 阐述导弹装备技术保障安全风险应对的主要方法。

第7章　导弹实弹演练技术保障
安全风险评估

随着我国周边局势的发展和军队实战化建设的推进,部队的地位和作用日益凸显,遂行实弹演练任务的场合和时机越来越多,已经成为部队整体战斗力生成和提高的重要环节。其主要特点是组织指挥复杂、保障任务繁重、风险大、安全系数要求高。遂行实弹演练任务时,导弹装备技术保障过程中如果发生安全事故,轻则影响任务顺利完成,严重者可能导致人员伤亡、装备损毁、任务失败。部队遂行实弹演练任务时,必须认真组织导弹装备技术保障安全风险评估,充分认识活动中可能存在的危险、发生的事故及其危险程度,得出风险评估结论,为指挥管理人员的决策提供参考,并有针对性地制定控制措施,切实提高导弹装备技术保障安全风险控制能力,对防止导弹装备技术保障中发生安全事故,确保人员和装备安全,提高军事效益有着十分重要的意义。

7.1　概　　述

7.1.1　导弹实弹演练技术保障安全风险评估的作用

遂行转场实弹演练任务,狭义上讲,是指为提高部队战斗力和确保军事任务圆满完成,有计划有组织进行的、具备一定规模的战备、训练、演习等行动。从广义上解释,就是部队建设和履行职责使命的各种影响广、规模大、标准高、要求严的实践行动。《安全条例》规定:组织重大活动,执行危险性较大的任务时,应当预先进行安全风险评估。由此可见,风险评估不可能事事都搞,必须突出"重大活动"和"危险性较大的任务"两个重点。

部队导弹实弹演练技术保障安全风险评估,是结合部队执行实弹演练任务的具体情况,运用安全风险评估与控制的方法、原理、程序等,对转场实弹演练任务导弹装备技术保障过程中存在的安全风险进行的评估与控制。也就是对遂行实弹演练任务过程中,导弹装备技术保障面临的安全风险进行科学分析与评价,为规避或者消减风险带来的损害提供决策依据。通常按照建立评估组织、确定评估方法、开展评估分析、作出评估结论、提出评估报告等程序进行,采取技术检测、模拟试验、综合分析等方法,对遂行转场实弹演练任务活动区域的气象、水文、环境,特别是执行任务的人员素质、课目设置、关键环节、装备性能、安防措施、保障条件等因素进行全面估价,从而为确保重大任务活动安全提供可靠的决策咨询。

部队在遂行实弹演练任务过程中,导弹使用准备和训练比较频繁,稍有不慎就可能发生事故,科学地评估各项工作的安全风险程度,找出影响安全的因素,对于做好安全工作至关重要。安全风险评估从工作带来的负效应出发,分析、论证和评估由此产生的损失和伤害的可能性、影响范围、严重程度及应采取的对策措施等,为我们提供了一种科学分析安全风险的方法,将能够帮助我们有效地减少各种事故的发生。因此,研究探索导弹实弹演练技术保障安全风险评估的问题很有必要,其主要作用包括以下四个方面:

(1)促进平时导弹装备技术保障工作的安全管理。通过导弹实弹演练技术保障安全风险评估安全风险评估,系统地对导弹装备技术保障工作中对可能出现的事故和事故隐患进行科学分析,找出导致事故和事故隐患的因素和条件,提出消除危险源和降低风险的安全方案,特别是在技术防范上要采取的相应措施,从而提高导弹装备技术保障工作整体管理的安全水平,做到即便仍然会出现这样和那样一些问题,但不会导致重大安全事故的发生。

(2)促进导弹装备技术保障工作过程的安全管理。针对每一次导弹装备技术保障工作行动,如对动用各种导弹装备所存在的危险因素,提出降低或消除危险的有效措施。对工作运行中暴露出新的安全隐患和不足,及时采取改进和预防措施。导弹装备技术保障工作完成后,对整个技术保障工作中出现的各种安全问题进行系统全面评估,为今后在执行类似任务时进一步降低危险隐患,提供科学依据。

(3)为导弹装备技术保障决策者提供科学防范依据。通过导弹实弹演练技术保障安全风险评估安全风险评估,分析技术保障工作中存在的危险源及分布部位、数目,预测安全事故的概率和事故严重程度,提出安全对策措施,为指挥和管理人员提供最佳安全管理决策依据。

(4)为导弹装备技术保障安全管理的标准化创造条件。判断各种导弹装备在使用中的安全性是否符合有关技术标准、规范和相关规定,找出存在的问题和不足,逐步实现安全管理的标准化、科学化,为不断更新安全管理标准提供依据。

7.1.2 导弹实弹演练技术保障安全风险评估的主要内容

导弹实弹演练技术保障安全风险评估安全风险评估的内容主要区分为客观因素、主观因素和动态因素三大部分。导弹实弹演练任务时的客观因素主要包括保障环境、导弹装备状况、气候水文等;主观因素主要包括保障计划、保障人员技术状况、心理状态等;动态因素是介于客观因素和主观因素之间并在一定条件下可以逆变的因素。

1. 客观因素

客观因素是相对静态的因素,其主要特点是通过一定方式可以获得,并有利于收集、整理、加工的数据,在采取一定的评估手段后可以得出定论。

(1)任务区域地理环境。主要包括遂行实弹演练任务地域的地形、道路、地质、水文、社情等对安全影响较大的因素。

(2)导弹装备状态。部队遂行实弹演练任务时所需的主要导弹装备对安全影响较大。在机动运输过程中,导弹装备经过长时间远距运输都存在一定的安全隐患,此时既要考虑到运送过程的安全,又要考虑到到达目的地之后使用的安全。

(3)气候条件。遂行实弹演练任务时间为夏秋季节,任务区域如果为雨季,场地道路泥泞,易出现车辆事故;气候潮湿,易引发电子电气装备故障;雷电频发,容易导致雷击和短路事故;等等。

2. 主观因素

主观因素主要是领导决策、组织计划和人员思想状况。相对于客观因素,主观因素受个体影响较大,不便于全面了解和把握,需要在工作实践中进行不间断的跟踪调查,并进行全面细致的分析。

(1)人员基本情况。主要包括人员思想变化情况、应急处置常识掌握情况、灵活应对险情等,对重大任务的认识程度、保障环节掌握情况、注意事项熟悉程度。

(2)制度落实程度。主要是日常生活制度、检查督导制度、形势分析制度、经常教育制度等的落实情况。制度的落实质量和落实标准也是制约安全的重要因素。

(3)计划周密情况。要突出对保障计划和方案周密程度进行跟踪,导弹转载、技术准备、挂装都要根据场地空间、设施设备、气象条件等情况综合分析和确定安全因素。

3. 动态因素

动态因素是不确定的因素,在一定时间、地点等条件下可以逆变,是安全隐患产生的重要因素,控制不及时、处置不得力就会引发事故后果。对于动态因素,要根据客观和主观因素进行综合分析,提前预测和预防。

7.1.3　导弹实弹演练技术保障安全风险评估的基本原则

导弹实弹演练技术保障安全风险评估是一项系统工程,除了必须遵循安全风险评估的一般规律外,还必须遵循部队安全风险评估的特殊规律,具体讲要遵循以下基本原则:

(1)风险最小化原则。导弹实弹演练技术保障安全风险评估过程中,安全风险是客观存在的。因此,安全风险评估的目标不是消除遂行实弹演练任务时导弹装备技术保障中的所有风险,而是根据科学的安全风险评估结果,制定科学的安全风险控制决策,以提供合理的安全风险控制措施,将安全风险降低到最小程度,最终保证以最小的代价换取任务的完成,并确保部队免受不必要的损失。安全风险评估不仅仅是在重大任务执行之前进行,而是要贯穿整个重大任务执行的全过程,并且要在执行任务过程中不断根据动态变化获得的新信息、新形势进行新的安全风险评估。如果预测到下一步行动将导致不可接受的安全风险,那就应该及时采取新的安全风险控制措施减少风险。

(2)整体性原则。导弹实弹演练技术保障安全风险评估涉及诸多要素,安全风险评估是对评估对象各要素的整体评估,不是对某个要素的单项评估,也不是对某几个要素的抽样评估,而是对所有要素的综合评估。整体性主要体现在风险概率值与危害程度评估的复合性、评估要素间的相关性和评估过程的完整性上。只有对评估对象进行全要素、全过程的评估,才能确保评估的准确性。

(3)层次性原则。导弹实弹演练技术保障安全风险评估要求对评估对象进行要素分解和层次分解,按照关联性、层次性进行分类组合,形成树状结构排列,然后逐要素逐层次进行评估。分解时由最高向最低逐层进行,评估时由最低向最高逐层递进实施。

(4)动态性原则。导弹实弹演练技术保障安全风险评估必须充分考虑各种因素变化的影响,要随着新形势下安全威胁动态发展给部队安全风险评估带来的影响,及时完善、调整和修正评估要素的结构组成,以确保安全风险评估的科学性和有效性。需要注意的是,任何安全风险评估结论都不是一成不变的,只是对当时或一定时期内安全状况的反映。此一时的结论往往不能说明彼一时的状态,所以安全风险评估结果具有时效性、相对性和动态性的特点。当然,一些评估要素是相对稳定的,所以在各要素状态没有发生明显变化的时段内评估结果也具有相对的稳定性。

(5)客观性原则。导弹实弹演练技术保障安全风险评估只有做到实事求是、客观全面、科学准确,才能确保有效预测和规避风险。在导弹实弹演练技术保障安全风险评估具体实施过程中,必须注意采集的数据信息是否真实准确,评估测算的结论是否有理有据、客观全面,提出的安全风险控制措施意见是否符合实际,才能确保导弹实弹演练技术保障安全风险评估的针对性、有效性和可操作性。

(6)效益性原则。任何安全风险评估都需要一定的人力、物力和财力作保障,因此必须树立成本意识和效益观念。导弹实弹演练技术保障安全风险评估必须在确保评估有效性的前提下,兼顾评估活动的效费比,注意将安全风险评估活动与其他安全管理活动结合起来,与部队大项活动统一起来,机关有关部门注意统筹协调、形成合力,从而使导弹实弹演练技术保障安全风险评估活动的综合效益最大化。

7.1.4　导弹实弹演练技术保障安全风险评估的基本要求

1.　科学确定安全风险评估的目的、时机和内容

导弹实弹演练技术保障安全风险评估的目的在于预测和控制安全风险,以及制定应对安全风险预案,明确安全风险发生后应采取的补救措施。安全风险评估通常选择在执行重大任务之前、结合拟制和优选重大任务保障方案时进行,也可在活动展开后边实施边评估。安全风险评估的内容,即"评什么",集中体现在安全风险评估的指标体系上,指标体系是否科学将直接影响着评估的质量和效果。因此,在设计指标体系时必须突出针对性,不能脱离具体活动泛泛而谈,更不能把某一活动的安全风险评估指标体系简单地套用到另一活动的安全风险评估中来。军事演习中,容易发生误击误伤、装备损毁、人员伤亡等事故,应当重点关注装备装载时、装备运输时、装备通电检查、外场挂弹时,以及组织协同、任务转换、装备撤收等环节,实施安全风险评估就必须对以上各个时间和环节进行重点分析,尤其要结合以往资料和历史数据判断出事故发生的概率。

在具体评估时机的把握上,可按照"短期活动提前评、长期活动分段评、紧急活动动中评"的原则来确定。一是"短期活动提前评"。组织时间跨度较短、风险相对集中的重大演训活动,如规模较大的实弹、实投、实爆等,通常应在展开前1周左右至3日内,对整个活动过程进行全面细致的评估。二是"长期活动分段评"。组织时间跨度较长、阶段性特征明显的重大演训活动,如持续时间较长的靶式、实兵实弹演习、跨区转场等,通常可区分若干个阶段,根据不同阶段的安全因素和风险来源,突出重点、有目的地开展阶段性安全风险评估。三是"紧急活动动中评"。组织准备时间较短、具有较大突然性的紧急活动,如临时受领重大战备训练任务、重大演训活动中临时变更方案计划等,通常一边行动,一边寻找合适时机组织安全风险评估。

2.　灵活选择安全风险评估的技术、方法和手段

对安全风险进行评估,实际上就是运用概率统计的方法对导弹实弹演练技术保障安全风险评估过程中出现的各种安全风险进行相关的统计分析与计算。目前,我军的安全风险评估正处在探索和完善阶段,评估的技术、方法和手段还相对不够成熟,但是企业风险评估起步较早,尤其是国外对企业风险的控制理论已比较成熟,美国国防部早在1979年就开始将风险管理引入军事领域,并对陆军转型计划进行了多次风险评估,形成了比较完善的风险评估技术和评估方法。因此,要积极借鉴和学习企业与外军风险评估的方法技术,并根据评估对象的特点和评估单位的条件,灵活选择技术检测、模拟试验、专家论证、综合分析等方式,积极采取层次分析、模糊综合评判、多级物元分析等建模方法构建安全风险评估模型,通过模型来分析、预测和计算风险等级、风险指数,为指挥和管理人员制定安全风险应对预案、做出决策提供科学的参考数据。待条件和时机成熟,可研制开发安全风险评估系统,借助于计算机技术提高安全风险评估的速度和质量。

3. 严格规范安全风险评估的方式和程序

一般情况下,由组织重大任务活动的主管单位按照安全风险评估的标准和要求自行组织风险评估,也可以采取邀请专家组成评估小组的方式实施安全风险评估。无论是自行组织还是专家评估,都应当严格规范安全风险评估的程序,按照建立评估组织、风险分析计算、做出评估结论、形成评估报告的步骤进行。其中,安全风险分析计算是风险评估的核心内容,应当尽可能地结合历史资料,合理确定各种可能结果的发生概率,并计算出结果的集中趋势,即期望值,然后计算方差、标准差和变差系数,比较判定风险大小。这就要求我们在组织重大任务活动时,不仅要关注当次活动的情况,还要有意识地收集和积累相关数据,逐步建立、丰富和充实安全风险数据库,并在一定范围内做到数据共享。通过对历史数据的比较分析,尽可能地提高安全风险评估结论的可信程度。

7.2　导弹实弹演练技术保障安全风险的特点

导弹实弹演练技术保障安全风险评估通常包括任务前准备、机动转场、装设备展开、战备等级转换、任务实施、装设备收拢、撤回本机场等环节。任务全程出动装备多,保障过程复杂,任务地域实战化要求高,环境条件恶劣,保障人员容易疲劳。导弹装备受多种因素影响,容易出现故障、损坏、丢失等风险,执行实弹射击任务时,还可能出现误击误炸等风险。因此,只有准确把握导弹实弹演练技术保障安全风险特点,才能对导弹实弹演练技术保障安全风险评估中的安全风险进行有效的处置。

部队导弹实弹演练技术保障安全风险主要有以下特点:

(1)部队遂行实弹演练任务时的导弹装备通常需要跨区转场,运输距离长,工作强度大,发生故障的风险高。

部队遂行实弹演练任务多以实战化条件为背景,条件复杂,环境恶劣,任务集中,人员和装备要按任务要求动作,装备运输距离远,持续时间长,使用强度大,超负荷连续运转,故障率升高,可靠性下降,装备风险大大增加。

(2)人员疲劳,违规操作或操作失误增多,导致导弹装备使用风险增大。

部队导弹实弹演练技术保障安全风险评估时间长,保障人员思想和心理压力大,任务持续长时间工作,工作强度大,加上高温、烈日等不良天气,使人极易产生身体疲劳、烦燥心理,从而导致思想麻痹和抵触情绪。表现在导弹装备的操作使用上,不遵守操作规程、操作失误、维护保养不到位等现象,造成意外事故,导致人员伤亡、装备损坏。

（3）导弹装备保管条件差，领导力量薄弱，难于管控，易导致丢失、损坏。

部队遂行实弹演练任务期间，装备配套设施不完善，保管条件与营区相比相对较差，加之有的单位驻训点多、线长、面广，领导和机关工作精力分散，管理力量相对薄弱，容易导致装备丢失、损坏。

（4）参与重大任务的装备系统性强，整体性要求高，影响装备安全的风险因素多。

近年来，部队列装的新型导弹装备系统越来越多，执行重大任务的导弹装备系统科技含量越来越高，系统性越来越强，整体运作，多装备、多岗位、多专业协同动作，一个极小的失误会导致一个极大的安全风险，安全风险的概率和危害程度大大增高。

（5）导弹装备引发的安全事故破坏性强，影响范围大，甚至影响整个重大任务的完成。

导弹装备一旦发生安全事故，轻则导致个别装备损坏、人员伤亡，重则导致重大设施设备损毁、群体性人员伤亡，其破坏性极强：一是直接影响了部队任务的完成，使后续任务无法继续，二是武器装备损毁，造成重大财产损失；三是对操作人员造成伤害，严重时会导致人员死亡或伤残，给部队和家庭带来不幸；四是容易造成群众的生命和财产损失，引发军民纠纷，甚至引起地方群众骚乱，造成更大范围的恶劣影响。

7.3 导弹实弹演练技术保障安全风险评估

7.3.1 安全风险评估准备

导弹实弹演练技术保障安全风险评估准备工作，通常主要包括确定安全风险评估目标和依据、确定安全风险评估对象、选定安全风险评估方法、建立评估组织以及相关的其他准备工作。

1. 确定安全风险评估目标和依据

导弹实弹演练技术保障安全风险评估目标，就是分析执行任务时导弹装备转载、使用、管理保障等各环节的风险特点，找出风险源，评估风险程度，确保按照任务要求，安全顺利完成保障任务。评估的目的是最大限度降低导弹装备技术保障工作安全风险，最大限度堵塞安全工作漏洞。

导弹实弹演练技术保障安全风险评估的主要依据有上级指示、保障计划和方案、相关法规制度，如《中国人民解放军安全条例》《武器装备管理条例》《军事训练大纲》等，以及各专业相关的管理规定、有关装备操作使用手册等和装备自身固有属性、人员的能力素质、驻训地域的自然环境、社会环境与气候条件等。

2. 确定安全风险评估对象

通常情况下,导弹实弹演练技术保障安全风险评估的对象应当包括参加保障任务的所有装备保障人员(主要指装备机关、分队官兵和配属的装备技术保障人员等)、方案计划(部队转场计划、装备技术保障方案、特情处置预案等)、导弹装备(参加重大任务的导弹装备、保障设备、器材等)、任务开展地域的地形、气象、水文、电磁环境、社会情况等外部环境、时间范围(从部队准备重大任务开始,到部队结束重大任务返回本机场为止)。

(1)参加实弹演练任务导弹装备技术保障的所有人员。包括导弹装备技术保障的各级组织指挥人员、装备操作使用人员和装备技术保障人员的专业构成、指挥能力、综合素质、安全意识、工作责任心和工作标准等。

(2)导弹装备。主要包括所有参加重大任务的导弹装备、维修器材,以及保障装备和机具设备的战术技术性能、数质量情况。

(3)保障方案计划。包括保障的科目及内容、任务实施计划、保障方案等。

(4)保障环境条件。包括地域、海域和空域,地形、交通、水文、气象和社民情等。

(5)时间范围。从重大任务准备开始,到重大任务结束的全过程。

总的来说,应当把安全风险评估的对象定位在对遂行实弹演练任务导弹装备技术保障前期准备情况进行评估。安全风险评估的范围包括人员思想、导弹装备、安全制度落实、重点部位管理、周边环境分析等内容。

3. 选定安全风险评估方法

安全风险评估主要分为前期评估、过程跟踪、后期总结三个步骤,通常按照逐级分析、综合上报、汇总研究、制定措施的顺序组织实施,对可能存在的问题进行分析,确定风险指数,明确降低风险和规避风险的办法。

(1)会议研究。在组织部队实施导弹实弹演练任务之前,各级安全委员会应专题例会,由安全风险评估小组针对任务中可能产生的不安全因素,划定一般关注、重点关注、全程关注的内容,明确各单位检查排查的主要内容和实施细则。深入一线了解情况,发动官兵全员参与,调动各种积极因素,将可能存在安全隐患的因素进行全面系统分析,研究解决对策,提出可行性报告。在各单位上报分析情况的基础上,安全委员会广泛听取报告建议及安全风险评估小组活动展开情况,集体研究安全隐患的排除情况和降低安全风险的有效措施。

(2)技术检测。执行重大任务之前,可抽调专门技术人员组成技术检测小组,主要对导弹装备性能和技术状况进行检测,可以由安全委员会统一组织,也可由各部门自行确定。例如在对导弹检测的过程中,要对检测设备进行一次全面检修,重点关注检测设备使用状况、各项参数指标、零部件运行情况、绝缘情况、管理连接情况等,都要一一进行检查,提前发现,及早解决,防止出现各类事故隐患。

（3）分析安全风险分生的概率。根据事故致因理论,大多数事故是由人的不当行为与物的不安全状态,在相同时间和空间相遇而发生的,少数事故是由于人员处在不安全环境中而发生的,还有少数事故是由于自身有危险性的物质暴露在不安全环境中发生的。分析安全风险发生概率的方法很多,如风险评估矩阵法、事故树法、灰色评价法等。事故树法能够分析安全风险事件发生的可能性以及风险事件发生的后果与影响范围,以便进一步细化风险描述和确定风险影响,再以风险程度的高低,排列安全风险事件的优先控制次序,以便制定应对措施。

（4）进行评价。在执行重大任务过程中,人的不安全行为、装备的不安全状态以及外部环境的不安全是由许多因素决定的,适合采用多级模糊综合评价方法进行分析。模糊综合评价法是一种实用的风险概率分析方法,是指对多种模糊因素所影响的事物或现象进行总的评价,又称模糊综合评判。风险模糊综合评价就是指边界不清晰、中间函数不分明,既在质上没有确切的定义,也在量上没有明确的界限。所谓多级模糊综合评价是在模糊综合评价的基础上再进行综合评价,并且根据具体情况可以多次反复进行下去。多级模糊综合评价的基本思路是:将众多因素按其性质分为若干类或若干层次,先对一类(层)中的各个因素进行模糊综合评价,然后再在各类之间进行综合评价。此外,对于导弹实弹演练技术保障安全风险评估安全风险的识别与分析,主要采取经验判断法和标准衡量法。

导弹装备技术保障的目的不同,类型不同,其方法不一。在选择安全风险评估的方法时,要根据不同保障内容、装备特点和环境条件综合考虑,灵活运用。对经常实施的导弹技术准备,由于实践经验丰富,安全风险评估可使用经验判断法;对风险因素多,程序复杂的装备转场运输,安全风险评估可采取模糊综合评估法。

4. 建立安全风险评估组织

遂行实弹演练任务导弹装备技术保障安全风险评估的对象众多、内容复杂、过程较长、涉及面广时,通常应当建立安全风险评估领导小组、协调小组和专家小组,小组成员包括部队领导和机关干部、相关技术人员,以及分队指挥人员和装备使用操作的有关人员等。部队组织实施导弹实弹演练保障任务时,通常只要建立一个综合评估小组。

（1）成立安全风险评估领导小组。通常由分管导弹装备工作的领导任组长,成员由技术专家、协调人员和装备机关相关业务部门负责人等组成,明确人员职责,进行工作分工。领导小组主要负责安全风险评估的组织、检查与决策工作。

（2）成立安全风险评估协调小组。安全风险评估协调小组通常由相关各个机关部门人员组成,负责导弹实弹演练技术保障安全风险评估的组织实施,主要任务是在领导小组的直接领导下,制定安全风险评估方案,明确安全风险评估对象及范围,拟制安全风险评估管理规定和实施细则,组织导弹装备技术保障安全风险因素的研究分析,会同技术专家共同组织实施导弹装备技术保障安全风险评估,及时协调、督促相关业务部门发布预警信息,协调邀请专家人员事宜,收集汇总上报安全风险评估报告等。该小组还可以同时担任安全风险处置的协调任务,主要是督促和指导部队抓好风险防范、规避和应对工作。

(3)安全风险评估技术专家小组。遂行实弹演练任务时的导弹装备通常种类和数量较多,而且结构复杂、技术含量高、专业技术性强,特别是近年列装的新型装备系统,如果依靠本级技术保障力量难以完成安全风险评估任务,可根据需要请求上级选派相关生产厂家、科研单位和院校的技术专家到现地指导安全风险评估,成立由专家、相关装备的业务部门有关人员、部队技术干部和修理分队技术保障骨干、装备操作人员等组成的安全风险评估专家小组。技术专家小组成员应当具备评估该类安全风险问题所需的专业特长,人数根据涉及专业的具体情况而定。主要负责对部队在执行重大任务过程中导弹装备技术保障的相关技术环节进行安全风险评估工作,为安全风险控制提出合理化建议。

5. 明确安全风险评估的注意事项

(1)加强导弹实弹演练技术保障安全风险评估的全面性。进行导弹实弹演练技术保障安全风险评估前,应当认真梳理影响任务安全的重要因素,合理制定安全风险评估计划,针对不同时节、不同条件,区分不同层次、不同内容进行安全风险评估。要切实把安全风险评估与现实情况有机结合起来,既要抓静态,更要抓动态;既要抓定性,更要抓指导;既要抓评估,更要抓防范,切实运用安全风险评估机制,消除不安全、不稳定因素。

(2)突出导弹实弹演练技术保障安全风险评估的灵活性。导弹实弹演练技术保障安全风险评估没有固定的模式和方法,在工作中要结合本单位的实际情况,结合每次重大任务不同的条件,以及人员思想的动态情况,灵活运用各种安全风险评估方法,也可以设计出不同的评估方案,综合衡量最优方案,以求准确评定安全风险等级。

(3)突出导弹实弹演练技术保障安全风险评估的科学性。做好导弹实弹演练技术保障安全风险评估工作,必须按照科学的方法实施,用新的视角去审视,摒除传统观念,克服经验诊断。安全风险评估越科学,提供的信息越准确,安全防范工作越细致,就越能提高部队的训练水平和增强部队的全面建设。

6. 其他准备工作

组织导弹实弹演练技术保障安全风险评估人员进行培训,传达上级指示要求,明确相关任务,熟悉任务要求、保障环境、出动人员及装备、设备、物资器材等情况,作为安全分风险评估时的参考。

7.3.2 安全风险评估的组织与实施

7.3.2.1 组织实施

任务前,先由遂行实弹演练任务的导弹装备技术保障安全风险评估领导小组主要领导,组织评估小组成员认真学习安全风险评估相关理论知识,认清组织安全风险评估的重大现实意义,增强做好遂行实弹演练任务的导弹装备技术保障安全风险评估工作的使命意识和责任意识。然后由安全风险评估协调小组主要领导,组织安全风险评估小组成员对导弹装备技术保障现场进行现场调查,初步了解官兵思想情况、任务准备和开展情况、导弹装备完好情况。再由安全风险评估领导小组主持召开评估小组会议,在各安全风险评估小组汇报收集信息、情况的基础上,区分安全制度、安全教育、安全检查、安全防范等环节,对一线采集的信息进行系统分析。

7.3.2.2 技术实现

导弹实弹演练技术保障安全风险评估工作,通常按照信息收集、安全风险识别、安全风险风险分析、安全风险评价的顺序实施。

1. 收集信息

安全风险评估小组深入一线收集相关信息和资料,通过检查、分析、对比等方法发现评估对象的薄弱环节,预测人员思想、外部环境等可能造成的影响。可将导弹实弹演练技术保障安全风险评估安全工作细化成"人、导弹、保障装备、车辆、电、气、吊、运、气候、社情、规章制度"等多个方面,总结归纳具体的检查标准,通过逐个部位过、逐个末端核、逐个环节查等方法,摸清部队在安全观念、安全落实、防范措施制定等方面的真实情况。在此基础上组织各方力量分别针对人员、装备、车辆安全等方面逐个问题制定安全防范措施。

2. 安全风险识别

安全风险识别是确认遂行实弹演练任务时导弹装备技术保障相关事物和相关过程是否存在安全风险的辨认和鉴别的活动过程。其目的是为导弹装备技术保障安全风险分析提供基本条件,即提供安全风险分析的对象。当确认存在着下列问题时,通常即可认定为存在着风险。

1) 任务准备阶段的安全风险识别

(1) 保障人员的安全风险识别。参加重大任务保障人员的责任意识、纪律意识和安全意识不强;安全观念淡薄、责任感不强、专业技术不精、心理素质差、纪律性不强,缺乏安全风险防控意识。

(2) 方案计划的安全风险识别。导弹实弹演练技术保障安全风险评估方案不具体,不明确,不详细,操作性差;对任务不熟悉,与实际情况不相符,针对性不强;装载方案、运输计划、训练计划、装备维修保障和物资器材的筹供等计划、突发情况处置预案等要素不全,与实际情况不符。

(3) 导弹装备、器材、车辆准备的风险识别。技术保障力量不足,数量不够,装备种类、型号等不齐或错误,装备检查、维修保养不到位、不彻底,技术状态指标达不到任务要求,备件、器材、车辆配套附件等物资器材准备不充分。

170

（4）其他方面安全风险识别。没有开展思想发动和政治教育；没有掌握装备、人员、训练的实际情况，没有组织特情处置等相关培训；没有组织对转场运输路线、任务地域地形进行勘察或勘察不细等。

2）机动运输阶段的安全风险识别

（1）导弹装备出库安全风险识别。导弹装备出库搬运没有专人指挥，方式方法不正确、违规操作；装备出库手续不规范，出库登记统计不落实，没有进行交接或交接不清，组织不严密。

（2）导弹装备装卸载安全风险识别。导弹装备装卸载无人指挥或指挥不到位，在电气化车站装卸场地准备不充分，装载的位置、方式不明确，不按规定装卸载，装车后固定方式不正确、不牢固，防护、警戒等措施不到位。

（3）导弹装备运输安全风险识别。组织不严密、检查不细致、伴随保障不到位，带车干部责任心差，驾驶员技术不过硬、不遵守交通法规，车速太快，不按要求行驶，乘员违反纪律或麻痹大意，在桥梁、渡口、隧路、交叉路口停留，机动中违反交通规则，导致交通事故，不按规定停车检查、装备松脱掉落；运输途中，到达陌生地域出现道路不清、路况复杂、处置不当等情况，造成装备碰撞、挤压、掉沟或其他事故的风险。

3）展开保障阶段的安全风险识别

（1）导弹装备展开的安全风险识别。导弹装备展开的时机和方法不当；保障分队没按要求展开；展开时情况处置不当；展开场地设置不科学、保障要素不全或不符合要求，设施设备不齐全，功能不完善；展开时违规操作或操作失误。

（2）导弹技术准备阶段的安全风险识别。导弹技术准备时，由于时间仓促、动作紧张、环境条件变化等原因，容易引起误操作和发生人员装备事故的风险；由于转场运输、环境条件变化、高强度连续工作等原因造成装备性能不稳定或带故障运行，诱发事故的因素多；装备使用时的安全防护措施不到位，工作过程中发生意外。

（3）导弹装备保管安全风险识别。导弹装备管理不正规；组织装备维护保养不及时、不正确、不彻底的风险；导弹装备保管的各项安全防护措施不到位，储存过程中发生意外；警戒勤务设置不合理、力量薄弱或人员不履行职责。

（4）导弹阵地保障安全风险识别。送弹过程中车速太快或其他突发因素，存在发生碰撞、侧翻等交通事故的风险；运送过程中导弹固定松脱，存在掉落地面的风险；外场交接手续不全，存在责任区分不清楚的风险。

4）回撤阶段的安全风险识别

撤收时机不正确的风险；撤收作业组织不严密，清查、维护保养装备物资器材不及时；保障场地清理不彻底。

5）警戒勤务的安全风险识别

部署防卫警戒力量考虑不周，留有漏洞，安排的防卫警戒人员素质不强，由于身体疲劳,警惕性降低,容易误事,有导弹装备容易受不法分子破坏的风险。

6）其他情况安全风险识别

高温、低温、潮湿、雷电、风沙、盐雾、暴雨、洪水等自然环境引起的安全风险;由于不了解当地风俗习惯,或遇到群众不配合,发生军民纠纷等;无意或过失损坏群众财产、与驻训点的群众接触频繁引发军民纠纷;遇驻地群众非法集会、游行等活动处置不当。

3. 安全风险分析

安全风险分析就是在经过导弹装备技术保障安全风险识别之后,将认定为存在安全风险的事物,划分成较为简单的组成部分,并找出各个部分的本质属性和相互关系的活动,其目的是为判断安全风险提供前提条件。安全风险判断是在安全风险分析的基础上,运用科学的方法和手段,判断出安全风险的等级、安全风险导致事故的概率、安全风险导致事故之后的危害程度。根据相关理论和实践经验,本书将安全风险判断的几项内容设定为"四级""四类""四等"。具体是:将安全风险导致事故发生的概率分为大概率事件、中等概率事件、小概率事件、极少发生小概率四个级别,将安全风险等级分为一般风险、较大风险、重大风险、特大风险四类;将安全风险导致事故发生之后的危害程度分为很高、高、中、低四等。总而言之,对导弹实弹演练技术保障安全风险评估安全风险的科学分析与正确判断,是妥善处置安全风险的基本前提,具有十分重要的意义。

下面依次对导弹实弹演练技术保障安全风险评估准备阶段的安全风险、机动运输阶段的风险、展开保障阶段的安全风险、回撤阶段的安全风险,分别进行分析与判断。需要说明的是,在下列阐述中,无论是安全风险分析,还是安全风险判断,虽然都是从实际出发的,甚至大都是从真实方案中搬过来的,但仍然需要提醒读者,只能作为参考,不能照搬照套。因为部队执行重大任务时的导弹装备技术保障安全风险评估与处置工作是十分复杂的,必须根据当时当地的具体情况进行分析和判断。

1）任务准备阶段的安全风险分析

任务准备阶段,是指从正式受领导弹装备技术保障重大任务起,到部队开始向任务目的地转场运输装备和物资的这一段时间。

（1）保障人员的安全风险分析。一是没有针对环境、时间、装备特点等情况进行安全分析和教育,思想素质不过硬,作风纪律差,安全风险意识意识淡薄,可能准备不足、懈怠、处置不当等行为发生。对此风险的判断结论:发生概率为"中等概率事件,危害程度为"中",风险等级为"一般"。二是对导弹转场保障任务认识不足,政治责任感不强,恐惧、退缩、厌恶、逃避,不能完成保障任务或发生意外事故,不爱护装备,有意损坏装备。对此风险的判断结论:发生概率为"极少发生小概率",危害程度为"中",风险等级为"一般"。三是任务区域环境条件恶劣,保障人

172

员可能因工作任务繁重、受到批评或身体疾病,产生烦躁、厌烦心理,可能有意通过破坏装备的方式来发泄。对此风险的判断结论:发生概率为"极少发生小概率",危害程度为"中",风险等级为"较大"。四是没有开展针对性训练,不熟悉转场保障条件下装备的管理、维修、使用方法和常识等,可能导致人员受伤、装备受损;指挥管理人员对转场保障筹划不周全,人员分工不合理,没有充分考虑转场保障条件下保障人员的承受能力,思想麻痹,对装备安全风险隐患、苗头不重视,可能导致发生意外;各类装备操作使用人员素质不过硬,装备操作不熟练,进入陌生环境,可能因错误操作装备而酿成事故。对此风险的判断结论:发生概率为"小概率事件",危害程度为"中",风险等级为"一般"。五是转场保障忽视操作细节和危险的存在,可能引发事故;带病训练,超过体限,在操作装备过程中可能发生意外。对此风险的判断结论:发生概率为"极少发生小概率",危害程度为"中",风险等级为"一般"。六是装备技术保障人员缺乏必要的专业知识和技能,对装备的战技术性能不熟悉,专业技术不精,检查、检修不彻底,应急处置能力弱,不会操作或操作失误,违规操作,可能发生人员伤亡、装备受损等装备事故。对此风险的判断结论:发生概率为"小概率事件",危害程度为"中",风险等级为"较大"。七是保障人员违反纪律,私自外出游玩、损害群众利益,引发军民纠纷,保密意识不强,随意谈论任务事项。对此风险的判断结论:发生概率为"极少发生小概率",危害程度为"高",风险等级为"较大"。八是对任务保障过程各种安全风险考虑不周全,思想麻痹,警惕性不高,精力不集中,工作不认真,发生意外事故;压力大,心理紧张,装备操作失误,导致装备损坏或人员受伤。对此安全风险的判断结论:"极少发生小概率",危害程度为"高",风险等级为"较大"。

（2）方案计划方面的安全风险分析。一是对任务不熟悉,对导弹实弹演练技术保障的时间、地点、方式、目的等不清楚,导致方案计划不科学、不合理,要素不全,与实际情况不相符,针对性不强;装备数量、兵力运用等情况与实际情况不符,转场前没有完成装备维护保养、器材没有筹措到位,导致装备无法按时到达指定地域或在该地域正常展开;没有做好前期的现地考查,不熟悉运输路线、驻训地点,途径地域道路交通地形等情况与实际情况不符,导致转场运输路线和中途休息地点错误;对此风险的判断结论:"极少发生小概率",危害程度为"中",风险等级为"一般"。二是没有考虑环境、气候对转场驻训装备保障的影响,方案计划过于简单,没有应急处置方案,如遇台风、暴雨、洪水时,事先没有制定必要的安全防范措施,可能导致人员装备损伤。对此风险的判断结论:发生概率为"极少发生小概率",危害程度为"中",风险等级为"较大"。三是计划维修保障力量方面,没有考虑到转场驻训装备使用频繁、环境条件恶劣、器材筹措困难等特点,可能造成维修保障力量不足,导致装备故障或其他安全问题;使用装备、人员数量、运输方式、单位、个人任务区分、指挥关系等不明确,协同不到位,保障不充分,导致装备损坏和人员伤亡的风险,情况处置不及时,可能扩大安全风险危害。对此风险的判断结论:发生概率为"小概率事件",危害程度为"中",风险等级为"一般"。四是没有掌握部队装备、兵力的实际情况,导致编组不合理,装备不对号,导致无法操作;超战技术性能使用装备,容易导致装备事故的发生;对可能出现的情况预想考虑不周,预防措施等筹划不到位,导致遭遇意外情况,不能及时处置。对此风险的判断结论:发生概率为"小概率事件",危害程度为"高",风险等级为"重大"。

(3) 装备和物资器材准备方面的风险分析。转场驻训前,没有按规定完成装备检查、维修和保养,造成装备性能下降或带故障运行,可能导致装备事故;没有充分考虑转场驻训时间长、装备使用频繁,物资器材消耗大,转场条件下筹措困难,器材准备不充分;维修保障力量和工具设备准备不足,可能导致维修保障不及时;通信器材保障不到位或通信方式不明确,延误应急情况处置时机;消防器材准备不充分,导致转场运输和驻训期间意外情况处置不及时;对此风险判断结论:发生概率为"小概率事件",危害程度为"中",风险等级为"一般"。

2) 任务保障实施阶段的风险分析

导弹不同等级的战备转换,部队行动不尽相同,这里以三级战备转入一级战备为例进行风险分析与判断。

(1) 传达上级意图不准确,下达命令不及时,行动动员不深入,任务区分不清楚,干部分工不明确,人员、装备、器材的编组时间、地点和行动方式不具体,保障分队不能及时实施战备转换。对此风险的判断结论:发生概率为"极少发生小概率",危害程度为"中",风险等级为"一般"。

(2) 装备出入库搬运没有专人指挥,秩序混乱,造成人员或装备碰撞;没有安装接地线,静电损坏导弹的电子设备,方舱车载工具设备没有固定牢靠,造成工具掉落、损坏;没有及时包装导弹装备、器材,或包装时违反规程,错误实施包装操作,造成刮碰和人员装备损伤。对此风险的判断结论:发生概率为"小概率事件",危害程度为"中",风险等级为"较大"。

(3) 没有出入库手续或手续不全,出库前检查不仔细,造成账物不符或型号、批次或数量错误;没有在上级或装备部门的监督下进行交接,交接手续不清楚。对此风险的判断结论:发生概率为"极少发生小概率",危害程度为"高",风险等级为"重大"。

(4) 没有按要求组织进行转场装备和物资的装载,导致事故;指挥人员职责不清,指令信号不明确,操作人员操作错误或配合出现失误,导致碰撞、挤压、跌落等安全事故;装备装载位置和方法不当、固定不牢,可能导致运输过程中松脱甚至掉落地面的事故;装备出动时,没有专人指挥、操作不熟练或操作失误,发生事故。对此风险的判断结论:发生概率为"极少发生小概率",危害程度为"高",风险等级为"较大"。

（5）铁路输送时，装卸载没有专人指挥和引导，吊装时，吊具发生故障，在高压线附近进行吊装作业；铁路运输，导弹运载车箱内没有消防器材；火车站停靠时，没有进行检查；擅自到装备顶部活动，碰触到高压线等物；导弹包装箱发生损坏，固定方式不正确。对此风险的判断结论：发生概率为"极少发生小概率"，危害程度为"高"，风险等级为"较大"。

3）机动运输阶段的风险分析

（1）公路长途运输时，装载方向、堆垛方式错误，起动、停车、转弯时急刹车，车距车速过近过快，运输方式不正确。对此风险的判断结论：发生概率为"大概率事件"，危害程度为"高"，风险等级为"较大"；运输路线选择不当，所选道路路况差，行进困难；指挥不当，编组不合理，通信联络不顺畅，可能造成运输秩序混乱、车辆刮碰、人员和装备损伤；通过收费站时，车速过快，可能造成车辆碰撞或地方交通设施损坏；车速和车距控制不好，地方车辆插入车队和抢道，可能造成混乱，引发交通事故；司机和带车干部责任心不强，车辆掉队时强行超车、盲目超速赶队；在高速公路上调头、逆向行驶等造成事故；不熟悉路线、不会利用地形，可能发生车辆事故。对此风险的判断结论：发生概率为"小概率事件"，危害程度为"中"，风险等级为"较大"。

（2）人员安全意识不强，人员在车上将头或手伸出车外、嬉笑打闹，容易造成人员摔落、刮碰、触电，导致装备和人员损伤；运输途中车辆刹车、转弯时易造成人员和装备损伤；在下坡或转弯路段中途休息，未设置警示标志；人员下车，随身武器留在车上无人看管，休息时、在公路上乱窜或上下车不注意来往车辆，继续机动前没有清点武器、检查装备性能和承载装备固定情况，造成伤亡，装备丢失或受损。对此风险的判断结论：发生概率为"极少发生小概率"，危害程度为"中"，风险等级为"较大"。

（3）与地方政府和交警的协调、联络不到位，在关键路段（拥挤、受损、狭窄等路段）没有交警指挥，没有调整哨，容易造成交通事故；疏导交通时，违反规定，私自强行或野蛮疏导，造成混乱和人员伤亡。对此风险判断结论：发生概率为"小概率事件"，危害程度为"中"，风险等级为"较大"。

（4）伴随保障不到位，车辆发生故障，不能及时排除，影响任务的顺利完成；排除故障时，未按要求设立警示标志或派人警示，在路中央、转弯处或下坡地段修车，造成事故；对此风险判断结论：发生概率为"小概率事件"，危害程度为"中"，风险等级为"较大"。

（5）运输的沿途没有建立观察、警戒和报知勤务，通信联络不畅通，防卫不当，处理不及时，导弹装备在途中可能遭到破坏、盗抢。对此风险的判断结论：发生概率为"极少发生小概率"，危害程度为"高"，风险等级为"较大"。

4）展开保障阶段的安全风险分析

展开保障阶段，是从在任务驻训点正式开展装备保障起，到撤离任务驻训点为止的这一段时间。

装备展开时的安全风险分析：

(1) 没有根据部队的装备保障工作需要和装备指挥员的指示展开，展开时机延误，导致部队装备得不到及时的检查与维修，可能影响装备的技术状态。对此风险的判断结论：发生概率为"极少发生小概率"，危害程度为"低"，风险等级为"一般"。

(2) 装备存放和保障场地划分不合理、设置不科学，不符合管理规定，各种保障要素不全，标志不清楚，不利于保障工作顺利完成。对此风险的判断结论：发生概率为"极少"，危害程度为"高"，风险等级为"较大"。

(3) 没有结合任务和场地确定展开方式，展开时违规操作或操作失误，导致在展开的过程中发生装备碰撞、侧翻等事故；保障分队没按要求展开，计划不周密，编组不合理，没有现场指挥，导致发生拥堵、碰撞或延误展开时间，展开后，没有及时清点人员、装备、维修器材、车辆，导致装备和器材丢失；导弹装备展开时，场地选择不当，存在过深的坑、过陡的坡和过高的坎，导致在搬运时出现摔倒、碰撞，导致装备损坏。对此风险的判断结论：发生概率为"小概率事件"，危害程度为"高"，风险等级为"重大"。

装备操作使用的安全风险分析：

(1) 不按操作规程和安全规定使用装备，操作失误，超性能或带故障使用装备，可能导致发生事故。例如，在进行某些导弹装配时，人员没有站在导弹的两侧，导致被弹射器部件击伤；检测导弹时，没有按照规定设置检测间隙，使导弹检测设备长时间连续工作，可能导致线路烧毁；使用后没有及时切断电源或进行擦拭保养，可能导致装备损坏。对此风险的判断结论：发生概率为"极少发生小概率"，危害程度为"高"，风险等级为"较大"。

(2) 没有及时对导弹装备进行擦拭保养，造成性能下降；组织导弹装备检查保养时，对导弹装备检查、测试、保养组织的不周密，造成漏保、误保，导致导弹装备性能下降或带故障运行，发生事故。对此风险的判断结论：发生概率为"极少发生小概率"，危害程度为"中"，风险等级为"一般"。

(3) 导弹装备抢修时，违规操作或操作失误，造成装备损坏或人员受伤。对此风险的判断结论：发生概率为"极少发生小概率"，危害程度为"高"，风险等级为"较大"。

(4) 导弹存放、检测、加注、火工品测试等场所没有警戒勤务或力量薄弱，无关人员误入工作区，敌特窃取秘密或破坏，造成意外安全事故。对此风险的判断结论：发生概率为"极少发生小概率"，危害程度为"高"，风险等级为"重大"。

装备管理的安全风险分析：

(1) 导弹的出入库手续不全，清点检查、擦拭保养等制度不落实；训练后没有及时进行检查,装备管理责任不清,造成导弹装备丢失或损坏。对此风险的判断结论:发生概率为"极少发生小概率",危害程度为"高",风险等级为"较大"。

(2)对挂机使用过的导弹,入库前没有进行安全保险装置设置与恢复,导致意外。对此风险的判断结论:发生概率为"极少发生小概率",危害程度为"高",风险等级为"重大"。

(3)装备存放和保障场地没有安排岗哨,没有消防设施,没有落实双人双锁,可能造成导弹装备丢失、被盗或发生装备拥堵、碰撞和翻车等安全事故。对此风险的判断结论:发生概率为"极少",危害程度为"高",风险等级为"较大"。

(4)规章制度落实不好,值班、执勤人员不履行职责,导致敌特分子破坏,零部件的损坏、丢失、被盗;私自组织地方人员观看武器装备,造成丢失或泄密。对此风险的判断结论:发生概率为"极少发生小概率",危害程度为"高",风险等级为"较大"。

警戒勤务的风险分析:

(1)警戒设置不合理。力量薄弱,装备场地、保障场所和仓库等重要场所没有按要求设置警戒哨。对此风险的判断结论:发生概率为"极少发生小概率",危害程度为"高",风险等级为"较大"。

(2)警戒人员不履行职责。睡岗、误岗、擅离岗位,地方人员或无关人员进入重要场所,造成装备和物资器材丢失、被盗甚至失泄密。对此风险的判断结论:发生概率为"小概率事件",危害程度为"中",风险等级为"较大"。

(3)警戒制度不落实。装备保障人员违规使用移动工具和地方程控电话,造成泄密。对此风险的判断结论:发生概率为"极少发生小概率",危害程度为"高",风险等级为"较大"。

(4)遭到不法分子袭击。对此风险的判断结论:发生概率为"极少发生小概率",危害程度为"高",风险等级为"重大"。

5)回撤阶段的风险分析

回撤阶段,从转场保障的回撤准备开始,到回到营区后装备入库完毕为止。

(1)装备技术整治不彻底,技术检查与维护保养不及时,导致装备性能下降或损坏;登记统计不及时,物资器材清查不细、清洁不彻底,造成装备和物资器材丢失、锈蚀、霉烂、损坏。对此风险的判断结论:发生概率为"小概率事件",危害程度为"低",风险等级为"一般"。

(2)装备撤收时,没有专人指挥,没有进行人员、车辆编组,导致装载、搬运混乱,发生意外;没有派出警戒勤务,导致被抢被盗;没有清理场地,引发军民纠纷。对此风险的判断结论:发生概率为"极少发生小概率",危害程度为"高",风险等级为"较大"。装备保障力量撤离保障场组织不严密,造成混乱,发生意外。对此风险的判断结论:发生概率为"极少发生小概率",危害程度为"低",风险等级为"一般"。

（3）导弹测试的数据资料和方案计划丢失，造成导弹技术资料不全和失泄密。对此风险的判断结论："极少发生小概率"，危害程度为"高"，风险等级为"重大"。

（4）没有及时熟悉回撤的方案计划、路线等，延误回撤的时间，走错路线，发生安全事故。对此风险的判断结论：发生概率为"小概率事件"，危害程度为"低"，风险等级为"一般"。

（5）在装卸载、休息点、进入任务地域时，没有安排警戒勤务，造成装备、物资器材被抢被盗；执行警戒任务时，安全意识不强，防卫力量薄弱，遭不法分子袭击。对此风险的判断结论：发生概率为"极少发生小概率"，危害程度为"中"，风险等级为"一般"。

（6）运输途中时，没有派遣专门押运人员或押运人员没有按要求尽职尽责，中途休息时没有派出警戒勤务，导致装备和物资器材被盗、丢失或被破坏。对此风险的判断结论：发生概率为"极少发生小概率"，危害程度为"高"，风险等级为"重大"。

6）自然环境的风险分析与判断

导弹实弹演练技术保障安全风险评估，根据未来作战担负的任务，可能在边防海岛、戈壁沙漠、雪域高原等特殊的气候环境和地理位置条件下组织实施，温度、湿度、台风、暴雨、冰雪、山洪、雷电、尘暴、盐雾、道路、地形地貌等对装备和人员产生很大的风险。对此风险的判断结论：发生概率为"小概率事件"，危害程度为"中"，风险等级为"较大"。

来自于自然界的风险主要有雷电、风沙、盐雾、暴雨、洪水等。

（1）温湿度产生的风险分析。高温可使材料软化、金属膨胀与氧化，结构强度减弱、绝缘性能和润滑油黏度下降等。在低温地区和严寒季节，装备会出现金属零件强度降低，橡胶和塑料制品变硬发脆，机件活动不灵，磨损加剧，发动机功率下降、起动困难等情况。潮湿可使绝缘性能降低，导致击穿、短路、漏电、打火等；可使金属机件锈蚀，导线电蚀加剧；可使纤维、木制品霉烂变质，光学仪器的玻璃镜面产生霉点等。高温可使保障人员容易中暑、疲劳，装备过热，修理时出现失误；低温时保障人员四肢僵硬，头脑反应迟钝，动作不灵敏，易导致事故；潮湿天气使人出现皮肤过敏、情绪烦躁、心神不安等症状，易导致维修操作失误，造成事故。

温度对导弹装备质量变化的影响。据测定，当相对湿度大于 65% 时，温度每升高 10℃，锈蚀速度增加 0.692 倍。温度对战斗部装药变质的影响有：温度过高，可造成含 TNT 装药的流油现象，引起弹药起爆困难，造成半爆半不爆；可引起黄磷弹药的露磷冒烟；熔化造成质量偏心，影响弹药的储存安全和使用；可加快发射药的分解速度，使发射药更易变质，影响使用甚至影响储存安全。温度过低，会使发射药机械强度降低，遇外力作用时易发生碎裂，影响射击精度与安全。温度的剧烈变化，在一定的温度条件下，可能导致弹药表而出现结露，对弹药的储存和使用带来较大的危害。

178

湿度对导弹装备质量变化的影响。潮湿的环境是导致导弹装备金属锈蚀的主要原因,当环境相对湿度超过 70% 时,将超过装备金属元件临界湿度,使锈蚀速度显著加快,大大缩短装备储存寿命。发射药处于高湿状态容易吸湿,造成不易点燃和燃速下降现象,燃烧不完全,产生迟发火和近弹现象,含水率高的发射药还将加速其水解过程,缩短储存寿命。黑药常用作弹药的关键药剂,对潮湿很敏感,吸湿量过大会造成点火困难、燃速下降甚至点不燃的情况,将严重影响装备的正常使用。环境过于干燥对装备质量也会带来影响,发射装药的含水率过低,将严重影响弹药的正常使用,同样会使装药改变其原有的燃烧性能而影响使用。

(2)雷电产生的风险分析。雷电直接打在装备上,产生的强大热量会使金属熔化、人员伤亡;在雷区附近物体上会感应出高压电,引起各物体间强烈放电、打火而烧毁;架空的电力线、电话线、电缆等受雷击(直击或感应)时产生的高压,通过这些线路引入导弹装备储存和保障场所,可能烧毁相连的各种电器设备,击伤人员等;保障场所内高压输电线路遇自然灾害破坏时,没有判明电源是否切断或修复的情况下在场内作业,导致人员触电身亡;下雨打雷时接电话,人员装备在高大叶茂的树下和高耸的建筑物旁易遭雷击,可能造成人员伤亡和装备损坏。

(3)台风、沙尘产生的风险分析。台风能使装备受力增加,机械强度降低,旋转负荷增大直至烧毁电机;台风到来前,没有组织力量对保障设施等进行检查加固,露天存放的装备没有及时转移,保障人员到处走动,擅自处理损坏的输电线路,导致发生事故;台风过后,没有及时检查装备受损情况,组织擦拭保养装备,清理晾晒装备器材;驻训时,沙尘侵入装备内部,使电气设备接触不良,打火、转动和润滑机件摩擦增大,油路、气路堵塞,精加工面擦伤。对此风险的判断结论:发生概率为"有时",危害程度为"高",风险等级为"重大"。

(4)盐雾产生的风险分析。盐雾腐蚀装备材料,产生化学性质变化,加速金属锈蚀程度,从而使结构强度减弱,绝缘体材料的表面电阻和抗电强度降低,保持剥落,表面裂化。

7)社会环境的风险分析与判断

导弹实弹演练技术保障安全风险评估,出动较大规模的兵力和装备,实弹实爆,并具有一定的实战背景,其主要风险是造成群众生命财产损失,导致军民纠纷;个别人不尊重当地的风俗习惯、宗教信仰,激化社会矛盾;保密措施不得力,可能导致泄密。例如,装备转场运输途经地或任务区域执行任务期间时,遇驻地群众集会、游行等活动处置不当,引发军民纠纷等。对此风险的判断结论:发生概率为"极少发生小概率",危害程度为"高",风险等级为"较大"。

4. 安全风险评价

1)分项评价

安全风险评估领导小组组织召开安全风险讨论会,全面考虑各种因素,广泛征求各级意见，梳理可能存在的安全风险，对导弹实弹演练技术保障安全风险评估各个领域、各个专业、各大项工作的安全风险进行专项评价。分项评价一般按照安全制度、安全设施、安全组织等方面逐项进行安全风险评估，发现问题，堵塞漏洞。

2）综合评估

由安全风险评估领导小组召开会议，在分项评价的基础上对评估现象作出总体判断，确定此次执行任务安全风险等级为较大风险，用黄色表示；在对分项评价结果进行分析的基础上，组织风险评估小组对可能引发事故的危险因素进行定性、定量评估分析，制定防范和规避措施。

由安全风险评估领导小组组长牵头，在安全风险评估领导小组中指定2或3人具体负责撰写安全风险评估报告工作。评估报告通常包括评估任务、指导思想、评估内容、评估结论、防范措施等项内容。

安全风险评估结论经同级党委审议通过后，应迅速将评估结果反馈至上级相关部门，经批准后迅速区分责任，落实具体的防范措施。

7.4　导弹实弹演练技术保障安全风险评估的安全风险控制

部队专门召开党委常委会，听取安全风险评估领导小组所做的安全风险评估报告，专门研究可能发生安全风险的环节，研究制定规避措施和降低风险的最佳方案。在任务执行过程中，安全风险评估领导小组成员适时对部队执行安全风险评估的防范措施和办法进行不间断的检查，指导和督促部队落实安全防范的具体措施和办法，对落实中遇到的新情况、新问题第一时间进行分析、第一时间查找隐患、第一时间制定措施，做到在部队执行任务的动态条件下，不断分析可能遇到的情况，不断有针对性地完善防范措施，确保安全风险评估防范和处置措施能得到有效落实并切实发挥作用，确保部队执行任务的安全顺利。

遂行实弹演练任务的导弹装备技术保障安全风险控制工作，通常按照"先防范，再规避，最后应对"的顺序组织实施。

7.4.1　导弹实弹演练技术保障安全风险评估的安全风险防范

导弹实弹演练技术保障安全风险评估的安全风险防范工作，通常按照任务准备阶段、转场运输阶段、保障任务实施阶段、回撤阶段的顺序实施。

1. 任务准备阶段的安全风险防范

1）人员素质风险的防范

加强思想政治教育；严格执行纪律，加强人员管控，抓好检查监督。不准私自外出和超出规定的范围活动；不得私自下海、下河、下湖洗澡和游泳；遵守群众纪律、爱护群众财产;按规定要求,保持着装整齐、军容严整;不准违反规定与地方人员乱交往;不准进地方娱乐场所酗酒闹事,打架斗殴或参与军警民纠纷;不准使用地方电话谈论部队转场驻训情况,不准与地方群众闲谈部队转场驻训事宜,强化保密意识。强化培训,提高专业技术水平,提高恶劣环境条件下装备使用操作和应急处置情况能力。

根据任务要求,指定专人负责,及时收拢人员,并明确各阶段保障任务;加强思想教育,强化责任感和使命感,激发官兵斗志和参与热情,消除恐惧、厌烦心理;加强任务前的业务培训,提高专业技术水平和应急处置能力,加强纪律,搞好检查监督,管控好部队,严格执行群众纪律;提高保密意识,遵守保密规定,防止失泄密;搞好心理疏导,强化风险意识,防止思想麻痹、警惕性不高、精力不集中、工作不认真、心理紧张,导致操作失误,发生意外事故,造成装备损坏或人员受伤。

挑选思想政治素质好,理想信念坚定,技术过硬,心理素质好,遵规守纪意识、保密意识强的人员参加导弹装备押运任务;导弹装备押运带队指挥人员必须经验丰富,能快速感知现场危险情况,并迅速组织应急处置;出发前要组织专业培训,提高专业能力;加强爱装管装和安全风险意识教育,提高认识,做好心理疏导,克服麻痹大意思想和恐慌心理。

2)方案计划安全风险的防范

认真领会上级任务方案,及时熟悉导弹保障任务,结合本单位兵力、装备的实际情况、上级要求和任务地域的实际情况,制定详细的保障方案计划;要根据携带装备的数量、运用的兵力,任务地域,确定转场的方式,选定运输路线,按时到达指定地域,及时展开作业;明确任务分工、运输方式、装载方案,定人、定位、定装,防止实施过程中造成混乱;要准确掌握部队各单位装备的种类、型号、数量,以及保障人员的数量、专业实际能力,合理编组,保证人与装备的最佳结合;合理正确使用装备,防止因违规操作使用导致装备事故;要充分考虑可能出现的各种风险因素,制定相应的预防措施,防止遭遇意外情况时处置不及时。

认真领会和遵守上级有关转场保障的指示、规定要求,熟悉部队转场驻训与装备管理有关的保障内容、保障方法,研究场地、环境和驻训地域的风俗习惯对装备保障的影响,综合考虑保障要素、保障资源、物资器材,明确组织领导机构、指挥关系、通信联络、警戒勤务有关规定,制定详细可行的方案计划,分析可能出现情况,制定相应的应急处置预案。

制定方案计划前,详细了解上级指示和具体任务,组织现地勘察,主动与地方协调,掌握部队装备和人员的实际情况,具体明确装备的数量、型号和保障人员的数量、编组,携带的工具设备和物资器材;装卸载的地点、方式方法和运输的路线、时间和联络方式;收集有关天气、路况等影响转场运输的信息,科学确定运输时间和路线,消除恶劣气候和复杂地质地形的不利影响。

3）装备和物资器材准备安全风险的防范

及时组织对装备和物资器材进行清理统计、检查测试、维护保养，防止任务执行过程中导弹装备发生故障，器材和火工品过期失效或性能不稳，导致意外；不允许装备带故障使用；启封、测试、维修保养和试运行装备时，严格遵守操作规程，加强检查，防止事故；携带必要的指挥、通信、消防、警戒等器材，防止指挥不当、通信不畅、防护不力，避免执行保障任务时发生意外事故，影响保障行动。

2. 机动运输阶段的安全风险防范

1）装备出入库时的安全风险防范

严格导弹装备出入库手续，没有手续不得出库；出库前要仔细检查型号、批次或数量，确保账物相符；装备交接时，要向上级报告，在上级或装备部门的监督下进行交接，办好交接手续；出入库时要有专人指挥，防止秩序混乱，造成人员或装备碰撞。

2）公路运输时的安全风险防范

公路长途运输时，导弹要装入包装箱，导弹头部与运行方向相反，堆码不能超过两层，固定要牢靠，连接好释放静电接地线；车辆起动、停车、转弯时，防止急刹车，车距大于 80m，次高级路面车速要小于 50km/h，中级和低级路面车速要小于 25km/h；运输途中要派出警戒勤务，防止被不法分子破坏，特殊路段要设置调整哨或请地方交警协助，防止发生交通事故；方舱上车载工具设备要固定牢靠，防止工具掉落、损坏。要预先查看途经地域，熟悉路线，识别路标，选择安全可靠的运输路线；要明确指挥员，合理编组，落实车辆定人定位；要控制车距，防止强行插队引发交通事故。要加强教育，提高人员安全意识，防止人员、装备摔落、剐碰；人员不得将头、手或脚伸出车外，不得在车上嬉笑打闹，不得向车外扔东西；不得私自停车或私自下车到路边小店购物；运输行进途中要控制车速，适时组织休息，防止驾驶人员疲劳、发动机过热、轮胎温度过高导致事故。途中休息时要设置警示标志，不得在下坡或转弯地休息；随身武器不得离身，维修装备时必须由专人看管，继续行进前要清点武器、检查装备性能和承载装备固定情况，防止装备丢失或受损。挑选素质好、责任心强的司机和带车干部驾驶和带车，严格遵守交通规则，不得随意超速超车；通过收费站时要减速慢行，防止造成车辆碰撞或地方交通设施损坏。加强与交警部门的协调，确保在关键路段（拥挤、受损、狭窄等路段）有交警或调整哨；加强保障力量，采取伴随保障等多种手段和方法，及时排除装备在运输中的故障；车辆发生故障时要想方设法把车辆拖至平坦、宽阔的路边并设置警示标志，不得在路中央或下坡地段修车。

3）铁路运输时的安全风险防范

铁路输送时装卸载要有专人指挥和引导，吊装时要检查吊具性能，确保安全可靠；装卸载时导弹包装箱要保持平衡，倾斜度不能太大；导弹在车内放置时底部应铺设枕木,固定时要先将导弹包装箱上下、左右、前后进行连接固定,再将导弹包装箱与车厢体固定;勤务车辆固定时要采用内、外八字加固方式,轮胎前后垫三角木,外侧有挡木;导弹运载车箱内要放置消防器材;火车站停靠时要及时组织检查,不得擅自到装备顶部。

3. 保障实施阶段的安全风险防范

1) 装备展开时的安全风险防范

要根据部队的导弹装备保障工作需要和装备指挥员的指示及时组织展开,并结合任务和场地确定展开程度。保障分队要按要求展开,展开前,要周密计划,尽可能做到人员、车辆、装备、器材的编组和驶入顺序相适应,缩短展开所需时间;展开中,要加强现场组织指挥,防止作业现场秩序混乱,相互配合出现失误,发生安全事故;展开后,应清点人员、装备、器材及防护措施,并向上级报告。

2) 导弹战备等级转换时的安全风险防范

现场指挥员准确传达上级指示,下达战备转换命令,深入动员,区分任务,明确干部分工、人员装备的编组时间、地点和行动方式,及时实施导弹战备等级转换;合理分配力量,采取有效措施,按规定和要求进行导弹技术准备工作,及时完成导弹的启封、测试、加注、装配等工作,严格遵守操作规程,防止人员装备损伤;正确使用工具,防止人员被碰、被剐、被砸,装备碰撞、侧翻;作业现场要严密组织,防止因指挥不当、操作失误,造成人员伤亡,装备损坏。

3) 导弹装备和工具器材管理安全风险的防范

严格装备和器材的出入库登记、清点检查、擦拭保养等法规制度,对弹药和关重器材的检查清点每天不少于两次,督促有关人员做好保管和登记工作。导弹装备使用后应及时擦拭保养;严格实行责任管理制,做到定人员、定装备、定责任、定标准、定措施管理,把每一件装备的管理落实到具体的单位和个人,防止导弹装备和器材损坏、丢失。

4) 导弹装备操作使用安全风险的防范

严格按照装备编配用途、技术性能、操作规程和安全规定正确使用装备,不得改变编配用途、不得超性能或带故障使用装备,防止发生事故。

5) 导弹装备维修安全风险的防范

导弹装备维修过程中,严格遵守操作规程和安全规定,防止违规操作或操作失误,引发事故。

6) 警戒勤务方面安全风险的防范

要合理设置警戒勤务,配齐警勤装备和器材,在装备存放、保障等重要场所按要求设置警戒哨;加强警戒人员的教育训练,提高责任心和应急处置能力;加强检查监督,防止哨兵出现睡岗、误岗,防止装备和物资器材丢失、被盗或遭到不法分子袭击;未经允许不得邀请地方人员观看武器装备和保障过程;驻训期间,不允许官兵亲属朋友到驻训点探望,防止造成泄密;装备保障人员不得使用移动工具和地方程控电话谈论有关驻训的问题,防止造成泄密。

4. 回撤阶段的安全风险防范

接到撤收的命令和指示后,指挥员应立即召开撤收工作部署会,传达撤收命令,组织熟悉回撤的有关方案计划,明确完成撤收的时限,提出撤收要求,并对人员、车辆和装备物资进行撤收编组。

组织撤收时,指挥员要亲临现场组织指挥,正确调度车辆,及时调整人力,严密组织装备和物资的搬运和装车工作。对于挂机使用过的导弹,要及时进行检查、测试和维护保养,使之处于安全保管技术状态,防止发生意外;撤收完成后,及时清理场地。

出发前,要充分准备,明确转运时机、方式、路线,组织现地勘察;检查车辆,准备器材和通信设备,防止车辆带故障运行和安全措施不到位。

返回营区后,要认真清查、整理、点验、登记导弹装备和物资器材,及时进行维修、保养、清洁,防止丢失、霉烂、损坏,特别是要清理文件资料、存储介质,防止失泄密。

5. 警戒勤务的安全风险防范

在装卸载、运输途中休息、任务地域执行保障任务时,要派遣专门押运人员,安排警戒勤务,防止装备物资器材被抢被盗被破坏;执行警戒任务时,要注意加强自身防护,防止被虫蛇咬伤,遭不法分子袭击。

6. 自然环境方面的安全风险防范

1) 温湿度风险的防范

加强对装备运行期间的检查保养,及时调节导弹装备存放、保障场所的温湿度,温度不得超过 30℃,相对湿度不超过 80%,防止过热过潮。露天存放的装备要就地取材,加以遮盖;在低温地区和严寒季节,对装备进行全面检查、保养,更换季节性油料,准备好防冻、保温器材物资。导弹检测设备、保障设备、勤务车辆低温使用时,要按规定加温、保温。低温条件下使用装备时,动作要平稳;潮湿条件下,要搞好装备使用前的技术勤务,注意物资器材的保管,防止发霉;皮件和橡胶制品要经常擦拭、保养,帆布制品要经常晾晒;在阴雨、潮湿的天气开机,电子设备要先加温通电,然后再加高温通风,然后再加高压,以增强去潮能力;导弹包装箱、导弹和各车组盒内要放置防潮沙袋,并经常检查,适时更换和烘干;对于充气密封保管的导弹包装箱,应经常检查包装箱内气压,并及时进行补气。同时,温湿度对人员在装备使用过程中也带来一定的风险,在高温条件下进行作业,要采取降温措施,如遮阳棚、电风扇以及生活上的保障,防止人员中暑和疲劳;低温时要加强活动,注意防寒、保暖,克服四肢僵硬,动作变形,导致事故;潮湿天气要加强通风、保持干燥,防止人员皮肤过敏、烦躁、心神不安等症状,导致维修操作失误,造成事故。

2) 雷电安全风险的防范

雷电条件下,必须按技术要求,检查确认阵地避雷针安装完好,注意检查接地

184

锥和导线连接是否可靠,接地是否符合要求;装备场所附近禁止架设不必要的金属引线或拉索;在有雷电时,人员不得靠近避雷装置的接地处,并应和电气设备、电缆(电线)引入处离开一定距离;雷电过后,应对装备、防雷装置、设施设备进行全面检查,特别是电源插头、开关、接地线等地方,要进行彻底检查和必要的维护。保障场所内高压输电线路遇自然灾害破坏时,必须在切断电源或修复的情况下,才能在场内作业,防止人员触电身亡;不得在下雨打雷时接电话,人员装备不得在高大叶茂的树下和高耸的建筑物旁逗留或停放,防止遭雷击。

3)台风、沙尘风险的防范

导弹装备运行时,要防止长时间连续超负荷工作,积极采取防过热措施;要缩短空气滤清器、油液过滤器的保养及更换周期;台风到来前,要组织力量对保障场所、生活设施等进行检查加固,对受威胁的装备和物资要及时转移,保障人员不得到处走动,不得擅自处理损坏的输电线路,防止发生事故;台风过后,要及时检查装备受损情况,组织擦拭保养装备,清理晾晒装备器材。训练、使用后要擦拭保养装备,盖好护衣、篷布等,防止风沙侵蚀导致装备损坏。

4)盐雾风险的防范

应针对空气潮湿、盐浓度较大的特点,训练和使用后要进行清洗,及时除盐,采取多擦拭防腐油、增加防护套具等措施,加强对装备易锈蚀部件特别是电子部件表面的防护。

7. 社会环境方面的风险防范

要加强教育,引导保障人员尊重当地的民风民俗,爱护群众的财产;在训练和保障过程中,有时发生损害驻地群众利益时,要加强协调,做好群众的思想工作,进行必要的补偿;要严格遵守条令条例和法规制度,禁止与地方人员非工作性接触,防止发生军民纠纷;在驻训中无意造成对地方群众和财产损伤时,要主动协调和配合地方政府做好群众工作,防止事态扩大。

7.4.2 导弹实弹演练技术保障安全风险评估的安全风险规避

1. 任务准备阶段的安全风险规避

1)人员风险的规避

对政治责任感不强,思想不稳定,心理素质不过硬,专业技术不精,业务能力不强,作风纪律差的人员,经教育和培训后仍达不到要求,要及时更换,防止出现意外或无法完成任务。

2)方案计划制定时风险的规避

如果保障任务、运输路线、参加人员等情况发生变化,要重新制定方案计划;发现意外情况,要启用应急处置预案。

3）装备和物资器材准备时风险的规避

更换性能较差、修复困难的装备，型号规格错误、质量不可靠的器材；检查通信、消防、安全等设施设备和器材，对性能达不到要求的要及时更换。

2. 机动运输阶段的风险规避

装备装卸载时，要避开在高压线附近吊装作业，吊具发生故障时，要立即停止作业，更换吊具。不能在电气化车站装卸载物资；公路运输过程中，发现道路狭窄、坡度大、泥泞等路况，以及遇洪水、泥石流、暴乱等特殊情况时，要改变行车路线，防止损坏装备等；遇到城镇和居民区上班高峰期时，改变行进通过时间，防止发生交通事故；车辆在路中央、转弯处或下坡地段发生故障时，必须想办法拖至路边、开阔处、平路组织修理，防止发生意外；运输途中，要避免在桥梁、渡口、隧路、交叉路口和高压电网下停留，防止交通堵塞和意外事故。

3. 保障实施阶段的安全风险规避

导弹保障作业场地太小，启封场地、测试场地、加注场地、装配场地等功能不全或太挤，不便于作业，进出道路狭窄或没迂回道路时，要重新规划作业场地，避免发生拥堵、碰撞、交通事故。

4. 回撤阶段的安全风险的规避

对于挂机使用的导弹，在没经过技术检查和维护保养之前，不得包装转运，以免发生意外；对于清查点验之后账物不符的物资器材，在查清原因前不得包装封存；对于装备吊装期间起吊设备发生故障或问题后，必须暂停作业，查明原因、修复装备后才能重新开始作业，吊具出现问题必须及时修理或更换。

5. 自然环境风险的规避

导弹实弹演练技术保障安全风险评估，根据未来作战担负的任务，可能在边防海岛、戈壁沙漠、雪域高原等特殊的气候环境和地理位置条件下组织实施，温度、湿度、台风、暴雨、冰雪、山洪、雷电、尘暴、盐雾、道路、地形地貌等对装备和人员产生很大的风险，在执行任务期间要密切关注天气变化，及时根据天气情况调整保障内容，避免因天气原因造成装备损失。

1）温湿度风险的规避

尽量避免在高温或严寒时段组织保障作业活动，推迟或提前保障作业时间，防止人员中暑、灼伤和冻伤，装备自燃、冻坏等事故。

2）雷电风险的规避

尽量避免在高压线、变压器、大树下开设装备场或组织装备保障活动，防止遭受雷击。打雷下雨时，人员不得靠近避雷装置的接地处，不得接电话，人员装备避免在高大叶茂的树下和高耸的建筑物旁逗留或停放。

3）台风、沙尘风险的规避

发生台风时，停止装备训练和保障作业活动，防止发生意外；发生沙尘暴时，停止组织装备训练和保障作业活动,防止沙尘侵入装备内部,加强装备磨损,导致性能下降或损坏。

6. 社会环境风险的规避

在选择转场运输路线时,尽量避开城镇闹市区、少数民族聚集地、社情敏感复杂地域;尽量避免在重大节日、群众集会、游行等活动期间执行大规模的任务活动。

7.4.3 导弹实弹演练技术保障安全风险评估的安全风险应对

1. 任务准备阶段的安全风险应对

1)人员风险的应对

对作风纪律差、私自外出游玩、违反群众纪律、损害群众利益、引发军民纠纷、保密意识不强、随意与地方群众谈论任务事项的人员,根据其所违反纪律的情节严重程度,依据条令条例和法规制度严肃处理,同时搞好教育,加强管理,防止类似事件的发生。

2)方案计划风险的应对

发现计划方案不科学、不合理、不适应,要素不全,针对性不强,与实际情况不相符,或情况发生变化时,要重新熟悉任务,了解情况,及时更改和调整,使方案计划符合实际,更加科学合理。

2. 机动运输阶段的安全风险应对

装载时,因没有指定指挥员或指挥失误,或违规操作,操作失误,产生碰撞或吊物掉落,造成人员伤亡、装备损坏;一旦发生风险时,立即停止作业,先抢救受伤人员,后修复受损装备,追究相关人员责任。组织教育,妥善处现后,按要求重新组织装载。受条件限制,在高压线附近进行吊装时,必须专门指定一名指挥员,一名观察员,防止在吊装过程中触碰到高压线。

运输沿途中,遇盗窃、破坏时,要立即查明被盗或被破坏的程度,向上级报告,加强警戒,保护现场,配合保卫部门和公安机关破案。

3. 保障实施阶段的风险应对

(1)装备保管不善丢失时,要查清装备丢失的种类、型号、数量,查明丢失原因,及时上报,并组织人员寻找,必要时可求助公安机关协助破案,追究相关人员责任,同时要加强警戒勤务。

(2)实施保障过程中,因不遵守操作规程或其他原因造成装备损坏时,要及时组织抢修,恢复装备性能,对操作人员视情作出处理,要加强业务培训,提高操作技能,杜绝类似事件的发生。

(3)在保障场所,超负荷用电、私接、乱改电路,引发火灾时,要迅速组织人员灭火,撤离导弹装备和疏散邻近物资;当导弹装备受到火势威胁时,应进行重点保护,选择火势较弱或能进退的有利部位,集中数支水枪或灭火器,强行打开通路,转移装备器材。

（4）保障力量不足时，要请求友邻或上级加强，提高保障能力。

4. 回撤时的安全风险应对

测试的数据资料和方案计划丢失，造成失泄密时，要立即报告上级，组织内部进行清理，查明失泄密的资料、方案，保护现场，控制可能的相关人员，配合保卫部门和公安机关破案。装备装卸载、运输途中发生意外，应迅速启动应急处置预案，先维持好现场秩序，第一时间抢救伤员，然后抢修装备，同时将情况上报，必要时请求军地力量进行支援。

5. 警戒勤务风险的应对

因警戒力量不足或警戒人员大意，在运输行进或中途休息过程中，装备遭遇破坏或盗窃时，在加强警戒的同时，立即组织力量抓捕破坏或盗窃人员；向上级报告，请求就近的地方公安部门、其他政府机关或群众协助抓捕；检查被破坏或盗窃的装备，可以就地修复的加紧抢修，无法修复的组织后送修理，对无法修复或丢失的装备，报请上级给于补充，以便完成任务；执行警戒任务人员安全意识不强，被虫蛇咬伤，组织救治伤员；遭不法分子袭击时，立即报告上级，保证人身安全的情况下，进行反击，如有人员受伤，应先抢救受伤人员，及时向公安机关报案，全力抓捕袭击分子。

6. 自然环境安全风险的应对

1）温湿度风险的应对

尽量避免在高温或严寒时段组织保障作业和训练活动，导致人员中署、灼伤和冻伤，装备自燃、冻坏等事故时，要立即停止装备活动，组织抢救伤员，维修装备。

2）雷电风险的应对

装备和人员遭到雷击时，要立即采取措施将人员转移到安全地域，组织抢救，待雷雨过后，查看装备受损情况，组织维修。

3）台风、沙尘风险的应对

台风或沙尘导致装备损坏时，台风过后，及时清查装备受损情况，组织人员维修。

7. 社会风险的应对

发生军民纠纷时，要管控有关人员，保持克制，耐心解释，立即向上级报告，积极协调当地政府协助解决，防止矛盾升级。

7.5 做好导弹实弹演练技术保障安全风险评估工作的对策与措施

导弹实弹演练技术保障安全风险评估的安全事故案件具有客观性、普遍性、突发性和多样性的特点，要求各级必须保持清醒头脑，时时、处处、人人、事事都要讲安全防事故,自觉强化"风险就在身边、隐患就在眼前、事故就在瞬间"的忧思意识和风险意识,切实搞好安全风险评估工作。

1. 加强安全教育,强化安全风险意识

(1)通过召开军人大会、动员会等形式,积极引导官兵充分认清开展安全风险评估的重大现实意义,教育保障人员看到安全风险评估是顺利完成保障任务的重要保证,是实现部队安全发展的必然要求,是巩固部队战斗力的迫切需要,全面提高官兵安全风险意识。

(2)积极开展相关法规制度和条令条例的学习教育,使官兵了解导弹实弹演练技术保障安全风险评估安全风险的特点和规律,熟悉有关规定,掌握安全风险评估与处置的程序、方法和基本要求,增强安全风险意识。针对导弹实弹演练技术保障安全风险评估活动中可能出现的安全风险,深入分析人员、装备、环境等因素的影响,研究制定相关措施,提高应对安全风险的能力。

2. 加强法规制度建设,建立健全安全风险评估运行机制

机制是管长远、管根本的,科学、高效、严密的组织实施机制是安全风险评估的重要保证。要使导弹实弹演练技术保障安全风险评估安全风险评估在部队真正得到落实,实现经常化、精细化、科学化的安全风险评估目标,需要建立一套行之有效的安全风险评估机制。

(1)建立安全风险评估的领导机构。部队各级要建立由单位主官、分管领导、评估专家等在内的安全风险评估领导组织,明确各级职责及任务分工。师以下部队可考虑建立常设的安全风险评估委员会或安全风险评估办公室,专门负责本单位的安全风险评估工作,也可在重大任务活动领导机构下设立临时的安全风险评估小组,负责领导和组织对安全风险的评估。无论是常设还是临时设立安全风险评估领导机构,都要严格按照安全风险评估的标准和要求,组织领导安全风险评估。

(2)要完善安全风险评价体系。就是各级要着眼提高部队保障能力和战斗力水平,积极主动地做好安全管理的细化、量化和实化工作,制定出符合本单位实际的安全风险评估实施细则,必要时要组织召开安全风险评估现场会,统一规范安全风险评估的组织实施过程,并制定详细的实施细则和评估标准,为基层单位提供具有较强针对性、操作性、规范性的安全风险评估依据。

(3)形成安全风险评估的责任机制。执行重大任务活动时,导弹装备技术保障必须实施科学的安全风险评估,对不组织安全风险评估的单位和领导要追究相关责任,对不重视安全风险评估结论、不采取安全风险应对措施的单位和领导也要进行相应的纪律处罚,如造成重、特大安全事故的应从重处理,从而使各级领导增强安全风险评估的意识,逐步形成安全风险评估文化,把安全风险评估工作落到实处。

（4）完善安全风险评估竞争奖励机制。要健全竞争奖励机制，把安全风险评估与个人成长进步和经济利益挂钩，使广大官兵人人想安全、个个抓安全、事事求安全，既有压力也有动力，从而为做好安全风险评估工作奠定扎实广泛的群众基础。

3. 加强安全风险评估技术研究，为安全风险评估提供技术支持

（1）完善安全风险评估的实施办法。要坚持事前评与事中评相结合，安全风险评估一般选择在重大任务开展前组织，但因任务紧急来不及事前评估安全风险时，也可边执行任务边组织评估，把事前评与事中评有机结合起来；要坚持总体评与专项评相结合，在总体安全风险评估的基础上，也可对某一重点问题进行专项评估，以进一步提高评估的针对性和准确性；要坚持评估与检验相结合，对评估结果和实际情况进行对比分析，不断提高判定事件概率的准确与客观程度，积累评估经验。

（2）规范安全风险评估的实现流程。在风险评估的过程中，应在全面完成安全风险识别调研的基础上，采取适当的标准技术分析方法对收集到的数据与情况进行分析，并对每种安全风险的可能原因和后果加以综合分析与处理，最后将这些安全风险根据其危害性的大小加以排序，以得到各种不同安全风险区域的实际分布情况。在得到各种不同风险区域的实际分布与排序后，应对风险发生概率最高的区域和事故发生后果最为严重的区域加以认真的研究，并有针对性地制定出相关的风险控制措施，再将风险控制措施加以细化而形成可操作的风险控制方案。最后，从实施整个任务全局着眼，将以上分析过程进行综合，对整个任务情况进行安全风险评估，给出最终的结论。

（3）要健全安全风险评估软件系统。组织专门力量，有计划、有组织地开发、研制安全风险评估软件系统，部队要熟练使用安全风险评估软件系统，从而不断提高安全风险评估的客观性、科学性。

4. 安全风险评估必须紧密结合实际，做好调研分析

为了切实做好导弹实弹演练技术保障安全风险评估安全风险识别工作，首先必须充分做好各项调研的准备工作。深入基层采集信息，深入末端掌握实情，辅之以召开座谈会、专家会、干部骨干会、领导小组会以及问卷调查、整理查阅事故报告、现场咨询等形式，广泛征求意见，广泛收集导弹装备技术保障安全相关数据与信息。

5. 安全风险评估不能一劳永逸，必须持续跟进和不断完善

任务前，进行安全风险评估并确定安全风险的控制措施后，随着工作的深入和环境的变化，安全工作也呈现出许多新的特点，仍可能出现新的问题和安全风险。在任务执行过程中，应采取"任务时间变、评估时时搞"的方法，结合工作任务及时进行各类安全风险评估。同时，可以采用抽点检验、审查、监督等方式，不断对控制措施进行监督和监控,必要时可以修改完善控制措施,补充具体办法,以使安全风险保持在可以接受的水平,从而实现控制安全风险的目标。

小　结

本章先从整体上介绍了导弹实弹演练技术保障安全风险评估的范围与时机、主要内容、基本原则、基本要求,然后介绍了导弹实弹演练技术保障安全风险评估的特点,接着重点介绍了导弹实弹演练技术保障安全风险评估的准备、组织实施与技术实现。最后,详细介绍了导弹实弹演练技术保障安全风险评估的安全风险防范、规避、应对等处置措施。

思考题和习题

1. 阐述导弹实弹演练技术保障安全风险的特点。
2. 简述导弹实弹演练技术保障安全风险评估的范围与时机。
3. 简述导弹实弹演练技术保障安全风险评估的基本原则与要求。
4. 简述导弹实弹演练技术保障安全风险评估的主要内容。
5. 开展导弹实弹演练技术保障安全风险评估之前,需要做好哪些准备工作?
6. 简述导弹实弹演练技术保障安全风险评估的组织实施过程。
7. 分析开展导弹实弹演练技术保障安全风险评估的思路与步骤。
8. 如何制定导弹实弹演练技术保障安全风险评估的安全风险控制措施。

附录 安全风险评估报告格式

D.1 引言

安全风险评估报告应包含下列内容：

（1）安全风险评估报告的目的和目标；

（2）简要说明在识别和分析阶段完成的工作及其结果；

（3）确认为编写安全风险评估报告做出贡献的组织。

D.2 引用文件

安全风险评估报告应包含引用文件清单，以支持该报告的生成。

D.3 综述

安全风险评估报告应简要说明在识别和分析阶段完成的工作。

D.4 评估方法

安全风险评估报告应说明在考虑中的安全风险是如何识别的，使用了哪些方法和工具，哪些人参与了此项工作。

D.5 原则

安全风险评估报告应说明应用识别和分析方法（如访谈方法）的基本原则，包括选定被选方法的理由。

D.6 汇总

安全风险评估报告应说明总体安全风险评估的汇总方法。

安全风险评估报告应指出有冲突的项目，强调实行全面评估的决策。

D.7 评估

安全风险评估报告应评价已识别的个体安全风险和项目总体安全风险。

与先前评估的比较。

安全风险评估报告应说明后续行动的结果，此结果应与先前评估结果比较。

D.8 结论

安全风险评估报告应说明识别和分析活动的结论，包括对将来评估和后续行动的说明。

D.9 附件

安全风险评估报告应包含下列信息：

（1）安全风险登记表；

（2）安全风险排序表；

（3）安全风险评定等级方案；

（4）总体安全风险等级划分；

（5）其他分析文件。

参 考 文 献

[1] 张炜,刘争元,石志军,等．部队装备安全管理研究[M]．北京:军事谊文出版社,2009.
[2] 端木京顺,常洪．航空装备安全学[M]．北京:国防工业出版社,2010.
[3] 吴国辉．军事装备安全管理概论[M]．北京:国防大学出版社,2011.
[4] 王计宪．军用航空装备维修安全[M]．北京:航空工业出版社,2009.
[5] 陈少荣．安全生产风险管理与控制[M]．北京:化学工业出版社,2013.
[6] 吴绍忠．部队装备风险评估与处置[M]．北京:国防大学出版社,2011.
[7] 王健康,徐沈新,黄素,等．风险管理原理与实务操作[M]．北京:电子工业出版社,2008.
[8] 周波,肖家平,伍爱友,等．安全评价技术[M]．北京:国防工业出版社,2012.
[9] 侯建英,王永良,吕涛．炮兵作业安全理论与技术[M]．北京:国防大学出版社,2010.
[10] 谢正文,周波,李微．安全管理基础[M]．北京:国防工业出版社,2010.
[11] 李德鹏,戴祥军．弹药储运安全[M]．北京:军械工程学院,2004.
[12] 王端民．航空维修质量与安全管理[M]．北京:国防工业出版社,2008.
[13] 徐克俊,金星,郑永煌．航天发射场可靠性安全性评估与分析技术[M]．北京:国防工业出版社,2006.
[14] 张晓军,贾继军．军队安全风险评估研究[M]．北京:海潮出版社,2010.
[15] 刘茂．事故风险分析理论与方法[M]．北京:北京大学出版社,2011.
[16] 遇今．危险分析与风险评价[M]．北京航空工业出版社,2003.
[17] 王颖．项目风险管理[M]．北京:电子工业出版社,2012.
[18] 任富兴．新形势下部队安全风险规避研究[M]．北京:解放军出版社,2010.
[19] 吴晓平,付钰．信息系统安全风险评估理论与方法[M]．北京:科学出版社,2010.
[20] 王起全,郑乐．重大危险源安全评估[M]．北京:气象出版社,2009.
[21] 李永怀,彭奏平．安全系统工程[M]．北京:煤炭工业出版社,2008.
[22] 邓琼．安全系统工程[M]．西安:西北工业大学出版社,2009.
[23] 谢振华．安全系统工程[M]．北京:冶金工业出版社,2010.
[24] 胡德山．军事训练安全论[M]．北京:国防大学出版社,2010.
[25] 王晓群．风险管理[M]．上海:上海财经大学出版社,2003.
[26] 赵耀江．安全评价理论与方法[M]．北京:煤炭工业出版社,2008.
[27] 王起全,徐德蜀．安全评价操作实务[M]．北京:气象出版社,2009.
[28] 刘铁民,张兴凯,刘功智．安全评价方法应用指南[M]．上海:化学工业出版社,2005.
[29] 陈国华．风险工程学[M]．北京:国防工业出版社,2007.
[30] 阎春宁．风险管理学[M]．上海:上海大学出版社,2002.
[31] 吴宗之．危险评价方法及其应用[M]．北京:冶金工业出版社,2001.

［32］张乃禄．安全评价技术［M］．西安:西安电子科技大学出版社,2007.

［33］聂林,任风云．灰色聚类评估在装备安全风险管理中的应用［J］．徐州空军学院学报,2011,22(2):63–83.

［34］叶剑平,徐振宇．潜艇装备安全性评估中危险识别方法研究［J］．论证与研究,2013,(4):37–42.

［35］李海广,任风云,王流通．基于突变理论的航空弹药装备安全风险评估［J］．徐州空军学院学报,2010,21(4):53–56.

［36］王生凤,童珣,王建平．装备使用阶段安全风险评估［J］．装甲兵工程学院学报,2012,26(4):22–25.

［37］李军,宁俊帅,宋海军,等．军事装备使用风险初探［J］．中国安全生产科学技术,2009,5(3):139–143.

［38］高建国,端木京顺,赵录峰,等．基于改进ANP的航空装备维修保障安全风险评估［J］．航空维修与工程,2010,(5):58–60.

［39］任淑红,师海涛,李关兴．火箭(导弹)测试过程中的风险评估［J］．导弹试验技术,2007,(4):8–18.

［40］姜欣明,连晋峰,郭旭光．弹药修理安全风险内涵分析［J］．四川兵工学报,2013,34(5):65–68.

［41］尹树悦．安全性与风险的相关概念分析［J］．质量与可靠性,2011,153(3):50–55.

［42］刘增勇,陈祥斌,熊林伟．军民一体化装备维修保障风险识别［J］．四川兵工学报,2012,33(7):45–54.

［43］王震．飞行阶段预防性维修风险识别和控制方法［J］．西安航空技术高等专科学校学报,2011,29(3):24–54.

［44］黄建新,边亚琴．基于灰色关联度的装备故障风险分析［J］．火力与指挥控制,2010,35(9):178–180.

［45］黄明,严新平．三峡库区水域滚装船运输风险识别方法研究［J］．武汉理工大学学报,2008,32(5):853–856.

［46］张建航,彭建华．风险辨识技术在港口工程中的应用研究［J］．交通标准化,2009,194(4):128–132.

［47］陈正雄,李冬梅．层次分析法在风险识别及风险防范中的应用［J］．四川建筑,2009,29(2):255–256.

［48］王铁成,李新华．改进的层次分析法在重大建设工程项目风险识别中的应用［J］．应用基础与工程科学学报,2006,14(5):259–263.

［49］陈博.基于德尔菲法的深基坑安全风险分析［J］．科技视界,2014,(31):12.

［50］郭勇,姜海龙．安全性分析技术方法概述［J］．中国科技信息,2010,(23):34–36.

［51］刘胧,王竹,李萍．医疗设备使用风险分析方法的对比改进与应用［J］．工业工程与管理,2011,16(6):133–138.

［52］于立元,张庆峰,徐水凌．PRA风险分析方法在污水厂建设中的应用探讨［J］．冶金技术,2008,(3):8–10.

[53] 王达友,肖红军,张帆. 基于失效模式及影响分析法的装备维修保障风险评估[J]. 海军装备维修,2012,210(8):18-19.

[54] 夏震宇,杨波. 基于改进 FMECA 的装备故障风险定量评估[J]. 四川兵工学报,2010,31(9):16-19.

[55] 李东方,黄跃林. 基于风险矩阵分析的建筑工程项目质量管理[J]. 黑龙江交通科技,2013,230(4):188-189.

[56] 李若兰,聂莉莹,丁杰. 压力容器风险评估再探[J]. 制冷,2012,31(3):76-79.

[57] 代春泉,王磊. 城市隧道施工风险模糊综合分析[J]. 建筑经济,2012,354(4):88-92.

[58] 郑展飞,周直. 模糊数学在工程项目风险辨识中的应用研究[J]. 重庆交通学院学报,2006,25(2):122-124.

[59] 白旭,孙丽萍,孙海,等. 基于 FMEA 和 FTA 的海洋结构物吊装运输过程风险分析[J]. 中国造船,2012,53(4):171-179.

[60] 梅玉航. 故障树分析法在靶场导弹试验安全分析中的应用[J]. 飞行器测控学报,2010,29(2):35-39.

[61] 卜全民,王涌涛,汪德爟. 事故树分析法的应用研究[J]. 西南石油大学学报,2007,29(4):141-144.

[62] 李文新,潘雄,罗帆. 改进风险矩阵及其在某型装备采办风险评价中的应用[J]. 兵工自动化,2011,30(9):11-15.

[63] 李春元. 基于多层次灰色评价法的高速公路工程风险分析研究[J]. 山西交通科技,2012,216(3):104-106.

[64] 文兴忠. 基于熵权和模糊综合评价的航空公司安全风险研究[J]. 安全与环境学报,2012,12(1):250-254.

[65] 朱绍章,刘恒,池卫红. 部队武器装备使用风险评估指标体系研究[J]. 中国管理信息化,2011,14(18):88-90.

[66] 李军,李灏,宁俊帅. 装备使用风险管理模型研究[J]. 中国安全生产科学技术,2010,6(4):140-144.

[67] 杨袭源,陈葵阳,包晓海. 危险源辨识、风险评价和风险控制全过程方法探讨[J]. 石油化工安全技术,2005,21(6):32-36.